AF307475

Peter Glaninger

Wie der Mond unseren Kalender geprägt hat

Eine kurze Geschichte des Kalenders

Voltaire spottete im 18. Jahrhundert:

„Die römischen Feldherren siegten immer, aber sie wussten nie, an welchem Tag"

Bibliografische Information der Deutschen Nationalbibliothek:
Die Deutsche Nationalbibliothek verzeichnet diese Publikation in
der Deutschen Nationalbibliografie; detaillierte bibliografische Daten
sind im Internet über http://dnb.dnb.de abrufbar.

© 2018 Peter Glaninger
Herstellung und Verlag: BoD – Books on Demand, Norderstedt
ISBN: 9783752806687

Inhalt

Einleitung

Immer dann, wenn wir die Länge eines bestimmten Monats wissen wollen, wird uns bewusst, wie umständlich unser Kalender aufgebaut ist. Je tiefer man in die Geheimnisse des Kalenders eindringt, umso deutlicher wird, in welch hohem Maß der Mond für die Struktur unseres Kalenders verantwortlich ist. Für viele auf den ersten Blick unlogische Festlegungen im Kalender gibt es mehr oder weniger einleuchtende Erklärungen, die vorzugsweise mit dem Mond zu tun haben. Ich versuche daher zu zeigen, dass bei der Schaffung des julianischen Kalenders ein alter Mondkalender Pate gestanden hat.

Welchen Sinn hatte es dem Februar nur 28 Tage zuzuordnen? Nicht nur die eigenartige Monatslänge des Februars haben wir sehr wahrscheinlich dem Mond zu verdanken, auch die Abfolge der übrigen Monatslängen steht mit dem Mond in direktem Zusammenhang.

Der Neumond steht am Beginn der christlichen Zeitrechnung und, berücksichtigt man den religiösen und mythologischen Hintergrund, dann erscheint die Geburt eines göttlichen Wesens bei abnehmendem Mond oder gar bei Vollmond völlig undenkbar. Daraus folgt, dass das dritte Jahrtausend bereits am 1. Januar 2000 begonnen hat und nicht, wie oft behauptet, erst am 1. Januar 2001.

Um den Alltag bewältigen zu können, benötigen wir laufend das aktuelle Datum. Heute ist es einfach das Datum zu bestimmen, denn elektronische Geräte mit einer Datumsanzeige sind omnipräsent. Meinen Urgroßeltern war das Datum weniger gegenwärtig. Die Menschen kannten aber den Wochentag und konnten über den Wochentag mit Hilfe eines gedruckten Kalenders das Datum feststellen. Wie haben aber unsere Vorfahren im Mittelalter das aktuelle Datum ermitteln? Wie konnten unsere Vorfahren Termine vereinbaren? Wie ist es unseren Vorfahren, von denen viele im Wortsinn „nicht bis 3 zählen konnten", gelungen, mit dem komplizierten Kalender des Julius Caesar ihr Leben zu organisieren? Haben sich die Menschen früher vielleicht doch vorwiegend am Mond orientiert?

Schon im Altertum bildeten Wochenkalender und regelmäßig abgehaltene Markttage eine solide Basis für kurzfristige Terminvereinbarungen. Für längerfristige Vereinbarungen stand der Mond zur Verfügung. Für die Bevölkerung war es dabei unerheblich, ob der Mondkalender nach festen Regeln vorausberechnet werden konnte oder nicht. Erstens strukturiert der Mond weltweit verlässlich und kostenlos die Zeit und zweitens war es wichtig das Mondlicht für An- und Abreise zu berücksichtigen. Größere Feste wurden bei Vollmond oder zumindest im Bereich des Vollmondes abgehalten.

Ich glaube, dass Termine mit Hilfe der Mondphasen und der Wochentage vereinbart wurden. Sobald sich die Menschen auf eine bestimmte Mondphase als Bezugspunkt geeinigt hatten, war die Jahresordnung eindeutig festgelegt. Deshalb war es so wichtig einen Ostertermin zu vereinbaren, damit ausgehend vom Ostersonntag eine einheitliche Zählung der Sonntage erfolgen konnte. Nach der evangelischen Ordnung werden die Sonntage noch heute, beginnend beim ersten Sonntag nach Pfingsten (Trinitatis) bis zum ersten Adventsonntag konsequent weitergezählt und die Liturgie danach ausgerichtet. Diese vom Ostertermin bestimmte Zählweise wurde bei den Katholiken erst 1969 vom Konzil in Rom abgeschafft.

In letzter Zeit haben sich Historiker zu Wort gemeldet, die es für möglich halten, dass große Teile der europäischen Geschichte erfunden wurden und dass einige Jahrhunderte aus der Geschichte zu streichen sind. Daher stellt sich in diesem Zusammenhang die Frage, ob man in alten Kalendern Hinweise finden kann, dass der julianische Kalender tatsächlich vor mehr als 2000 Jahren erschaffen wurde und danach von engagierten Kalenderhütern fehlerlos bis zur Kalenderreform im Jahr 1582 weitergeführt wurde.

Man kann den julianischen Kalender selbstverständlich beliebig weit in die Vergangenheit extrapolieren und Himmelserscheinungen wie Sonnenfinsternisse, Supernovae, auffallende Konjunktionen eindeutig datieren. Mit Sicherheit hat es im Jahr 7 v. Chr. eine auffallende Konjunktion von Jupiter und Saturn gegeben. Ob diese Himmelserscheinung aber drei heilige Könige nach Bethlehem geleitet hat, kann damit nicht bewiesen werden.

Der julianische Kalender ist schwer verständlich und in seiner Handhabung extrem fehleranfällig, wenn er nicht laufend von Autoritäten aktuell gehalten wird. Beim Mondkalender wird jeder Irrtum früher oder später durch den Mond korrigiert. Ein Mondkalender, der sich an den Jahreszeiten orientiert, wird Lunisolarkalender genannt. Weil es bei Aussaat und Ernte vor allem auf die aktuelle Wetterlage ankommt, war es für die Landbevölkerung völlig ausreichend, beispielsweise den Frühlingsvollmond durch das Osterfest zu kommunizieren und sich im laufenden Jahr am Mond zu orientieren.

Nun stellt sich die Frage: Wozu braucht man überhaupt einen Sonnenkalender?

Das Problem des Lunisolarkalenders ist der Schaltmonat. Für den Handel, für Zinsgeschäft, für Liefervereinbarungen und auch für die Planung von Kriegszügen sind Diskussionen über den fallweisen Einschub eines dreizehnten Monats. nicht zu tolerieren.

Erst im Hochmittelalter hatten die Menschen gelernt, sich mit Hilfe des Mondes im Sonnenjahr zu orientieren. Der Kalender der Goldenen Zahlen war eine geniale Erfindung und brachte dabei den entscheidenden Durchbruch. Erst ab ungefähr 1500 wurden diese Kalender einer breiteren Öffentlichkeit zugänglich und damit verlor der Mondkalender allmählich an Bedeutung. Diese Entwicklung versuche ich nachzuvollziehen.

Anmerkungen:

Web-Seiten werden nur zitiert, wenn sie Informationen enthalten, die leicht auch auf andere Weise zu erhalten sind. Dazu gehören: Übersetzungen antiker Autoren, Bücher aus früheren Jahrhunderten und auch beispielsweise rückgerechnete Mondphasen. Alle Termine der Mondphasen sind der Webseite der NASA entnommen. URL:http://eclipse.gsfc.nasa.gov/phase/phasecat.html. Falls die Seite nicht erreichbar ist, kann man vor http folgendes einfügen:
https://web.archive.org/web/20080321203931/http://eclipse.gsfc.nasa.gov/phase/phasecat.html
Alle Termine der Äquinoktien und Solstitien wurden der Webseite des IMCCE/Paris entnommen. https://www.imcce.fr/services/ephemerides/
URL: https://promenade.imcce.fr/fr/pages4/439.html. Wenn bei Zeitangaben die Zeitzone (z.B. MEZ) fehlt, dann handelt es sich immer um Universal Time (UT), die Zeit von Greenwich in England.
Viele Informationen über den Kalender finden sich auf den Webseiten www.computus.de und www.nabkal.de.

Hinweis: Diese und alle im Text oder im Literaturverzeichnis angegebenen Internet-Adressen wurden mehrfach überprüft. Weil sich die Inhalte aber kurzfristig ändern können, kann für die angegeben Links keine Haftung übernommen werden.

Peter Glaninger wurde 1949 in Wien geboren. Studium der Energietechnik in Wien und Graz mit Schwerpunkt Hochspannungstechnik. Zahlreiche Veröffentlichungen über Leistungstransformatoren und zwei Bücher über Kalenderfragen sind erschienen.

Drei Fragen zum Kalender

Warum hat der Monat Februar nur 28 Tage?

Der erste römische König war Romulus. Sein Nachfolger Numa Pompilius schuf einen Kalender mit Monatslängen von 29 und 31 Tagen. Nur dem Februar wies er 28 Tage zu. Diese kurze Monatslänge gibt bis heute Rätsel auf.

Macrobius erklärt die Kalenderstruktur wie folgt: Numa verwendete ungerade Monatslängen mit 29 und 31 Tagen, weil er der Meinung war, dass ungerade Zahlen männlich und glückbringend sind. Von den geraden Zahlen nahm er an, dass sie weiblich und unheilbringend sind. Der Sage nach hat er dies von Pythagoras gelernt, dessen Schüler er war.

Zwischen zwei Neumonden liegen im Mittel 29,53 Tage. Das Mondjahr dauert daher im Mittel (12*29,53=) 354,36 Tage. Um gerade Zahlen zu vermeiden hätte der abergläubische Numa nun einfach drei Monate mit 31 Tagen und neun Monate mit 29 Tagen wählen können, denn 3 * 31 Tage plus 9 * 29 Tage ergibt eine Jahreslänge von 354 Tagen. Damit war das Problem für Numa aber nicht gelöst. In diesem Fall gab es zwar zwölf ungerade Monatslängen, aber die Jahreslänge war eine gerade Zahl. Für Numa war es, so die Überlieferung, wichtiger die Jahreslänge ungerade zu machen und dafür einen Monat mit einer geraden Zahl in Kauf zu nehmen. Numa wählte eine Jahreslänge von 355 Tagen. Um die 355 Tage zu erreichen, wäre es sinnvoll gewesen, einem Monat statt 29 Tagen einfach 30 Tage zuzuordnen. Numa entschied sich aber dem Februar 28 Tage zu geben und zum Ausgleich den Mai, mit vermutlich ursprünglich 29 Tagen, um zwei Tage zu verlängern, sodass der Kalender vier Monate mit 31 Tagen umfasste.

Das ist insofern überraschend, weil die ungewöhnlichen 28 Tage des Februars sofort auffallen, während die ungerade Jahreslänge von der Allgemeinheit meist unbeachtet bleibt. Wie sich aber gleich zeigen wird, ergibt sich bei der Organisation eines Lunisolarkalenders eine besonders einfache Struktur, wenn die Jahreslänge von 355 Tagen mit einem Schaltmonat von 28 Tagen kombiniert wird. Das war Numa Pompilius aber angeblich nicht bewusst.

Beim Lunisolarkalender wird versucht, das Mondjahr möglichst perfekt an das Sonnenjahr anzupassen. In Griechenland wurde ein Lunisolarkalender mit einer Jahreslänge von 354 Tagen verwendet und die Griechen erkannten schon sehr früh, dass sich die Mondphasen nach acht Jahren in Bezug zum Sonnenjahr wiederholen. Wenn man abwechselnd Monate mit 29 und 30 Tagen verwendet und in acht Jahren drei zusätzliche Monate mit 30 Tagen einschiebt, dann ergibt sich genau die Länge von acht Jahren im julianischen Kalender.

8 Mondjahre und 3 Schaltmonate dauern	8*354 + 3*30 = 2922 Tage
Acht Sonnenjahre dauern	8 * 365,25 = 2922 Tage

Leider verschiebt sich die Mondphase in dieser Zeit um 1 ½ Tage. Nach zwei oder drei 8-Jahres-Zyklen ist die Verschiebung so groß, dass man nicht mehr von einem Mondkalender sprechen kann.

Der Astronom Friedrich Karl Ginzel (+1926) bemerkt dazu: *Da diese Oktaëteris sich bald ungenügend zeigte (auf die Tageszahl von 8 Sonnenjahren = 2922 Tagen kommen nicht genau 99 Monate mit 2922, sondern mit 2923 ½ Tage), so verbesserte man sie durch zeitweises Einlegen von 1-2 Tagen. (www.3eck.org/Ginzel/band2/par179.html)* (Ginzel, 1911 S. 235 §179)

Das ist leichter gesagt, als getan. Innerhalb von 16 Jahren müssen drei Extra-Schalttage so verteilt werden, dass die Abweichung von den beobachteten Mondphasen klein bleibt. Der 354-Tage-Kalender wurde aber erfunden, damit man ohne permanente Mondbeobachtung einen vorausberechneten Kalender verwenden konnte.

Wenn man die Jahreslänge mit 355 Tagen festlegt, dann können drei Schaltmonate mit 28 Tagen gewählt werden und man kommt dem gewünschten Ergebnis erstaunlich nahe.

8 Mondjahre und 3 Schaltmonate	8*355 + 3*28 = 2924 Tage
99 Lunationen dauern	99*29,53059 = 2923,53 Tage

Erst nach 17 Jahren ist der Fehler auf einen Tag angewachsen und sollte korrigiert werden. Dazu kann ein Schaltmonat von 28 auf 27 Tage reduziert werden. Erst die Kombination von 355 Tagen mit einer Monatslänge von 28 Tagen, macht den Kalender berechenbar und wartungsarm. Selbstverständlich ist es sinnvoll bereits einem regulären Monat 28 Tage zuzuweisen und diesen Monat bei Bedarf zu verdoppeln. Weil das römische Jahr im März beginnt, drängt sich dabei der Februar auf.

Im 13. Jahrhundert entstand das Gerücht, dass der August ursprünglich 30 Tage hatte und der Februar 29 Tage besaß. Zur Zeit des Augustus wurde zu seinen Ehren der Februar auf 28 Tage gekürzt und der August verlängert. Dieses Gerücht hielt sich lange Zeit, ist aber falsch.

Viel genauer als der 8-Jahreszyklus ist der 19jährige Mondzyklus. Verwendet man 7 Schaltmonate in 19 Jahren ergibt sich eine fast perfekte Annäherung an das Sonnenjahr.

19 Mondjahre und 7 Schaltmonate	19*355 + 6*28 +27= 6940 Tage
235 Lunationen dauern	235*29,53059 = 6939,69 Tage
19 Sonnenjahre dauern	19*365,25 = 6939,75 Tage

Der 19jährige Zyklus ist besonders vorteilhaft, weil er fast perfekt zum Sonnenjahr passt, worüber noch mehrfach berichtet wird. Nicht nur, dass der Kalender mit 355 Tagen eine plausible theoretische Grundlage besitzt, ein Wandkalender mit dieser Struktur wurde auch tatsächlich in Anzio nahe Rom gefunden. Er wurde als Fasti Antiates maiores berühmt. Er besitzt folgende Monatslängen:

Jan	Feb	Mar	Apr	Mai	Jun	Jul	Aug	Sep	Okt	Nov	Dez	Σ
29	28	31	29	31	29	31	29	29	31	29	29	355

Zusätzlich gibt es noch den Monat „Intercalaris" (Zwischengerufener) mit 27 Monatstagen. Der Kalender ist eindeutig ein Mondkalender und kann perfekt als solcher verwendet werden. Trotzdem interpretiert man den Kalender heute als (missglückten) Sonnenkalender. Im Kapitel „Der Kalender von Antium" wird darüber genauer berichtet.

Fazit: Das von mir hier vermutete Missverständnis, betrifft also die Interpretation eines alten genialen Mondkalenders mit 355 Tagen als Sonnenkalender. Der Februar erhielt 28 Tage nicht aus einem Aberglauben, sondern weil er als Schaltmonat perfekt zum Mondjahr mit 355 Tagen passt.

Später wurde diese Monatslänge beibehalten, weil im Februar wichtige Reinigungs- und Fruchtbarkeitsrituale, beispielsweise die Lupercalien, abgehalten wurden. Von Macrobius erfahren wir, dass Julius Caesar die 28 Tage nicht verändert hat, um den „Kult der Unterweltsgötter" nicht zu stören. (siehe Kapitel „Der Reinigungsmonat Februar").

Wozu dienten die Goldenen Zahlen?

Der griechische Astronom Meton hat im fünften Jahrhundert v. Chr. entdeckt, dass sich die Mondphasen nach 19 Jahren in Bezug zum Sonnenstand wiederholen. Den 19 sogenannten tropischen Jahren entsprechen dabei fast genau 235 Mondmonate zu jeweils 29 oder 30 Tagen. Unter dem Begriff tropisches Jahr (von griechisch heliou tropaí: Sonnenwende) versteht man die Zeit von einem Frühlingsanfang zum nächsten. Der 19jährige Mondzyklus wird auch Meton-Zyklus genannt.

Heute enthält jeder moderne Kalender die Mondphasen. Zumindest die vier Mondphasen, Neumond, Vollmond und die beiden Halbmonde sind in den Kalendern verzeichnet. Weil wir die alten Kalender im Folgejahr meist wegwerfen, merken wir nicht, dass sich die Mondphasen jedes Jahr um ungefähr 11 Tage verschieben und sich nach 19 Jahren fast exakt wiederholen. Erst nach 310 Jahren beträgt die mittlere Abweichung des 19jährigen Zyklus vom julianischen Kalender einen Tag. Im Mittelalter war es daher üblich die Mondphasen für 19 Jahre in eine Tabelle zu schreiben um für mehr als 200 Jahre einen verlässlichen, ausreichend genauen und wartungsfreien Mondkalender zu besitzen. Erst nachdem der Buchdruck erfunden war, konnte man es sich leisten jedes Jahr neue Kalender zu drucken und die alten wegzuwerfen.

Die Königin Liutgard war die fünfte Gattin von Kaiser Karl dem Großen. Die Hochzeit fand vermutlich im Jahr 796 statt. Liutgard verstarb aber bereits am 4. Juni 800 im Alter von nur 24 Jahren. Für die Königin wurde ein aufwendiger Mondzykluskalender erstellt, der penibel für jeden der 6940 Tage des 19jährigen Zyklus das Mondalter verzeichnet (Springsfeld, 2000). Das Mondalter 9 bedeutet beispielsweise, dass 9 Tage seit dem Neumond vergangen sind.

Auch in den sogenannten Stundenbüchern wurden die Neumonde in den Kalenderblättern als Zahlen für 19 Jahre angegeben. Diese wurden mit goldener Farbe eingetragen und vielleicht deshalb als „Goldene Zahlen" bezeichnet. Neunzehn Goldene Zahlen genügen um die 235 Neumonde des 19jährigen Zyklus zu erfassen.

Die Methode ist zweifellos beeindruckend. Die entscheidende Frage dabei ist, wozu die Menschen einen Mondkalender gebraucht haben, wenn es doch seit Julius Caesar einen perfekten Sonnenkalender gab? Als Antwort darauf wird stets die Bestimmung des Osterdatums genannt. Die Antwort ist wenig überzeugend, denn man benötigt zur Bestimmung des Osterdatums nur die Jahreslänge und keine Aufteilung in einzelne Mondmonate. Falls die sogenannten Goldenen Zahlen tatsächlich primär der Bestimmung des Osterdatums dienten, dann stellt sich weiter die Frage: Warum gab es den Kalender der Goldenen Zahlen auch außerhalb Roms? Wollte man einem größeren Personenkreis Gelegenheit geben das Osterdatum selbst festzulegen oder das von der Kirche festgelegte Datum zu überprüfen? Tatsächlich haben sich im Mittelalter unzählige Wissenschaftler in ganz Europa mit der christlichen Osterrechnung, der sogenannten Komputistik (lat. Computus), beschäftigt. (Springsfeld, 2000)

Es ist nicht einfach auf diese Fragen eine vernünftige Antwort zu finden. Noch verwirrender aber ist der Umstand, dass man die mittelalterlichen Stundenbücher durch 600 und mehr Jahre verwendet hat, ohne sie zu aktualisieren. Nach 19 Jahren wiederholen sich, wie gesagt, die Mondphasen im Kalender. Eine Abweichung ist innerhalb eines Menschenlebens nicht feststellbar. Mit Hilfe der Goldenen Zahlen versuchten die sogenannten Computisten das Osterdatum beliebig lange im Voraus (und im Nachhinein) zu bestimmen. Leider war das Osterdatum oft falsch. Einer der Gründe war, dass sich die Goldenen Zahlen, also die Neumonde, mit der Zeit gegenüber dem julianischen Kalender verschieben. Um 1450 betrug der Fehler bereits mehrere Tage, wie wir von Nikolaus von Kues (genannt Cusanus) einem damals hochangesehenen Wissenschaftler erfahren.

Weil aber heute, nachdem die Goldene Zahl mit einer gegen die wahre Lage unterschiedlichen Ansetzung zugrunde gelegt worden ist und die 1. Luna, wie sie sich am Himmel zeigt, in der Berechnung des Kalenders mehr als die 4. Luna ist, so müsste man zu seiner Verbesserung die Goldene Zahl selbst tilgen und durch Antizipation auf den wahren Tag des Neulichts zurückführen. Auch diese Vorstellung ließe sich nicht leicht bewerkstelligen, weil dann alle Bücher auf der Welt abgeändert werden müssten... (Däppen, 2006 S. 85f).

Nikolaus von Kues kann sich eine Korrektur der Goldenen Zahlen kaum vorstellen: *Infolgedessen muß die gegenwärtige heilige Synode sorgfältig ihre Zeit der Kalenderverbesserung widmen, da bei der Paschafeier, wie schon der heilige Ambrosius erklärte – auch wenn es sich sonst für Christen nicht zieme -, Tage und Neumonde abergläubisch zu beachten seien und die Beobachtung des Mondes und der Zeit gemäß der Vorschrift notwendig sei, weil jene Zeit, die mit der Vorschrift zusammenstimmt, eine Gott willkommene Zeit ist* (Däppen, 2006 S. 83f).

Man kann es kaum glauben: Weil es sich für Christen erstens nicht geziemt den Mond abergläubisch zu beobachten und weil zweitens eine Änderung der Stundenbücher zu aufwendig erscheint, verzichtet man auf eine Korrektur der Goldenen Zahlen und nimmt ein Chaos bei der Bestimmung der Ostertermine in Kauf.

Es könnte aber auch ganz anders gewesen sein. Durch Jahrtausende war das Mondlicht für die Menschheit unverzichtbar und jeder war mit den Mondphasen bestens vertraut. Es erscheint mir nahezu lächerlich anzunehmen, dass die König Liutgard ihren Kalender verwendet hat, um die Mondphase festzustellen oder gar um computistische Berechnungen anzustellen, was aber tatsächlich vermutet wird. Heute haben wir durch das elektrische Licht den Bezug zu den Mondphasen verloren und das aktuelle Datum wird uns laufend kommuniziert. Die Mondphasen können wir dem Kalender entnehmen.

Vor 1200 Jahren war das genau umgekehrt. Kaum jemand kannte das Datum im julianischen Kalender, aber die Bevölkerung war selbstverständlich mit den Mondphasen bestens vertraut.

Wenn die Königin Liutgard eine bestimmte Mondphase am Himmel beobachtet, dann kann sie in ihrem Kalender nachsehen, welchem Tag im Sonnenkalender diese Mondphase entspricht. Auf diese geniale Weise konnte sie sich allmählich mit dem julianischen Kalender vertraut machen. Mit Hilfe des Mondes konnten sie und ihre Berater die Sonnenwenden und Äquinoktien und sogar das von der Sonne überstrahlte Sternzeichen hinter der Sonne bestimmen. Es war damit möglich mit Hilfe des Mondes ein Geburtshoroskop zu erstellen. Nikolaus von Kues vermutet, dass die Goldenen Zahlen von den Chaldäern stammen und so wurden einst die Sterndeuter genannt.

Es hat aber noch mindestens 500 Jahre gedauert, bis die Neumonde aus dem Kalender der Liutgard zusammen mit ikonographischen Symbolen der Heiligen in sogenannte Holz- oder Mandlkalender eingetragen und damit einer breiteren Öffentlichkeit zugänglich wurden. Wenn wir in der Einsamkeit (ohne Mobiltelefon) das Datum vergessen haben, dann können wir trotzdem mit Hilfe eines Kalenders über die Mondphasen das Datum herausfinden. Für unsere Vorfahren war das die einzige Möglichkeit das Datum zu bestimmen, wenn sie keinen Kalenderexperten befragen konnten.

Der im Kapitel „Ein alter Holzkalender" beschriebene Kalender entstand um 1526 und enthält bereits aktualisierte Goldene Zahlen. Später haben sich daraus die Bauernkalender entwickelt, die bis heute die Mondphasen enthalten. Bei Bedarf konnte somit die Landbevölkerung, insbesondere Hirten auf einsamen Almen, das Datum noch im 19. Jahrhundert mit Hilfe ihrer Mandlkalender und der Mondphase herausfinden. Dabei ging es wohl in erster Linie um die Bestimmung der Heiligenfeste, die dem Sonnenkalender zugeordnet waren. Mit Hilfe der

„Mandln" und der Mondphase konnte man feststellen, wann wichtige Volksfeste wie Sebastiani, Laurenti oder Martini gefeiert wurden.

Um 800 funktionierte der Kalender der Goldenen Zahlen noch perfekt. Weil 798 durch 19 ohne Rest teilbar ist, entspricht 798 der Goldenen Zahl I. Der erste Vollmond im Jahr 798 leuchtete am 7. Januar um 7h27 UT, was genau mit dem Kalender der Goldenen Zahlen übereinstimmt. Mit der Zeit verschieben sich aber die Mondphasen gegenüber dem Kalender. Der Vollmond im Jahr 1406 war nach dem Kalender der Goldenen Zahlen weiterhin am 7. Januar zu erwarten. Tatsächlich leuchtete er bereits am 4. Januar 1406 um 19:21 UT.

Nun kommt aber der springende Punkt: Wenn man das Datum nach alter Gewohnheit aus den Goldenen Zahlen ableitet, dann merkt man diese Verschiebung nicht. Es ergibt sich ein Parallelkalender, der in sich völlig konsistent ist.

Ein eindrucksvolles Beispiel für die Drift des Kalenders findet sich in der Nürnberger Chronik (Schedel, 1493 S. CCXLVIII). In dieser Schedelschen Weltchronik wird von einer Sonnenfinsternis am 1. September 1448 zur sechsten Stunde berichtet. Die Goldenen Zahlen zeigen für diesen Tag einen Neumond (LUNA XXX, GZ V) an. Offensichtlich hat Schedel das Datum der Konjunktion aus den Stundenbüchern ermittelt, die damals bereits eine Drift von drei bis vier Tagen aufwiesen. Für Schedel war daher der 1. September der Tag, den wir heute als 29. August bezeichnen. Die ringförmige Sonnenfinsternis fand auch tatsächlich am 29. August 1448 um 10:59 UT statt. Dies entspricht fast genau 12 Uhr MEZ.

Sicherlich ist das noch kein Beweis, dass die Goldenen Zahlen zur Bestimmung des Datums im julianischen Kalender gedient haben. Trotzdem klingt die Vermutung sehr plausibel. Bereits die Bezeichnung „Goldene Zahlen" weist auf einen Bezug zur Sonne hin. Eine Legende erklärt den Namen damit, dass die Zahlen des Meton in Athen auf der Mauer der Pnyx mit goldener Schrift eingegraben waren. Vielleicht stammt der Name auch von der goldenen Farbe mit der die Goldenen Zahlen in die Stundenbücher eingetragen waren. Ich glaube, dass der Name von der „goldenen" Sonne stammt, deren Lauf durch den Tierkreis mit Hilfe der Goldenen Zahlen verfolgt werden konnte.

Selbstverständlich ist die Bestimmung des Datums aus den Mondphasen subjektiv und daher ungenau. Wen hätte es aber noch Anfang der Neuzeit gestört, wenn Kanzleibeamte hinter der nächsten Landesgrenze ein geringfügig verschobenes Datum in ihre Dokumente eingetragen hätten? Ein vergleichbares Problem gab es im 19. Jahrhundert mit der Uhrzeit. Bis zur Schaffung der Zeitzonen stand die Sonne überall in Europa um 12 Uhr Ortszeit genau im Süden. Je nach Längengrad zeigen Sonnenuhren daher eine unterschiedliche Zeit an. Erst durch die schnellen Eisenbahnverbindungen wurde das überhaupt wahrgenommen.

Die Bestimmung des Kalenderdatums aus den Mondphasen erklärt auf einfache Weise viele der Probleme der christlichen Osterrechnung. In konservativen christlichen Kreisen war man lange Zeit nicht bereit die Goldenen Zahlen zu korrigieren. Erst ab 1500 wurden die Goldenen Zahlen allmählich aktualisiert und mögliche Abweichungen der lokalen Kalender synchronisiert. Endgültig wurde das Problem der Osterrechnung aber erst durch die Kalenderreform des Jahres 1582 beseitigt. Die Drift der Mondphasen wird seither durch sogenannte Epakte berücksichtigt (siehe Kapitel „Die Goldenen Zahlen im 21. Jahrhundert").

Fazit: Nach meiner Überzeugung dienten die Goldenen Zahlen im Mittelalter keineswegs der Bestimmung der Mondphasen. Die konnte jeder selbst am Himmel beobachten. Es wurde vielmehr umgekehrt das Datum im julianischen Kalender mit Hilfe der Goldenen Zahlen aus den Mondphasen abgeleitet. Wenn man diese Methode durch mehrere Jahrhunderte verwendet, dann entsteht ein Parallelkalender. Die aus heutiger Sicht fehlerhaften Monddaten, wurden bei dieser Vorgehensweise prinzipiell nicht als solche erkannt.

Wann hat das dritte Jahrtausend begonnen?

Viele Definitionen, die den Kalender betreffen, wurden international eindeutig geregelt. Dazu gehören der Tagesbeginn und der Jahresbeginn. Nicht geregelt wurde der Beginn eines Jahrhunderts und der Beginn eines Jahrtausends. Daher wurde in den Neunzigerjahren des vorigen Jahrhunderts intensiv diskutiert, wann der Beginn des dritten Jahrtausends gefeiert werden sollte.

Obwohl eine große Mehrheit den Beginn des Millenniums bereits am 1. Januar 2000 um 0:0 Uhr gefeiert hat, werden auch Argumente genannt, dass das dritte Jahrtausend erst ein Jahr später begonnen hat. Im Internet wird diese Ansicht nach wie vor vehement vertreten und viele Beiträge lassen es an Deutlichkeit nicht fehlen: *„Seit dem 1.1.2001 leben wir im neuen Jahrtausend; Ein einfacher Zusammenhang, erklärt für jedermann (von SchülerIn bis zu ProfessorIn)"* (URL:https://www.staff.uni-marburg.de/~schittek/jahrtaus.htm).

In den einschlägigen Beiträgen wird stets das Argument genannt, dass die christliche Zeitrechnung kein Jahr Null kennt und das dritte Jahrtausend daher erst am 1. Januar 2001 begonnen hat. Allerdings gibt es auch viele mathematische Argumente für den Jahrtausendbeginn am 1. Januar 2000 und darauf komme ich noch zurück.

Das nach meiner Ansicht überzeugendste Argument liefert aber der Mond, der bei der christlichen Jahreszählung Pate gestanden hat. Wie wichtig der Mond und die Goldenen Zahlen für die christliche Zeitrechnung waren, soll im Folgenden gezeigt werden.

Dionysius Exiguus hat die christliche Zeitrechnung im Jahr 525 begründet, indem er Ostertafeln für 95 Jahre beginnend mit dem Jahr 532 aufgestellt hat. Um mit seinen Ostertafeln den Ostervollmond zu bestimmen, musste Dionysius selbstverständlich die Mondphase bei der Jahreszählung beachten. Beda Venerabilis hat die dionysische Ära um 725 für seine Ostertafeln verwendet. Es hat aber noch Jahrhunderte gedauert, bis sich die neue christliche Jahreszählung allgemein durchgesetzt hat.

Unter einer Epoche wird meist ein Zeitraum, beispielsweise eine Regierungszeit verstanden. Historiker verstehen unter einer Epoche aber auch den Zeitpunkt an dem eine Zeitrechnung startet, also den Beginn einer Ära. In diesem Sinne stellt sich hier die Frage nach der Epoche der christlichen Zeitrechnung. Dabei geht es aber nicht um die historische Geburt von Jesus Christus, die vor dem Todesjahr des Herodes 4 v. Chr. liegen muss.

Am 24. 12. 531 war Neumond und von diesem Neumond ausgehend, berechnete Dionysius Exiguus Ostertafeln für 95 Jahre im Voraus. Dazu verwendete er die Goldenen Zahlen, wobei im Jahr 532 ein neuer Zyklus mit der Goldenen Zahl I (GZ I) begonnen hat.

Aus welchen Quellen Dionysius erfahren hat, dass Christus ein halbes Jahrtausend zuvor geboren wurde, weiß man nicht genau und Dionysius selbst macht dazu keine Angaben. Dionysius hat die christliche Epoche festgelegt und auf den ersten Blick erscheint die Zahl 532 willkürlich gewählt. Wir wissen aber, dass man im Mittelalter geglaubt hat, dass ein Großes Heiliges Jahr 532 Jahre umfasst (Kapitel „Das Große Heilige Jahr"). Nach diesem „Planetenjahr" kehren alle Planeten zu ihren Ausgangspositionen zurück. 532 ist das Produkt aus 19 und 28. Neunzehn Jahre dauert der sogenannte Meton-Zyklus. Tatsächlich begegnen sich Sonne und Mond nach 19 Jahren am gleichen Tag vor dem gleichen Sternenhintergrund. Nach 28 Jahren wiederholen sich die Wochentage im julianischen Kalender. Dies wird „Sonnenzyklus" genannt.

Dionysius war zweifellos überzeugt, dass Christus genau 532 Jahre vor dem 24. 12. 531 bei einem Neumond geboren wurde. In heutiger Zählweise entspricht dies dem 24. 12. 2 vor Christus. Am 24. 12. 1 v. Chr. hat Christus bereits seinen ersten Geburtstag gefeiert. Dem Jahr 1 n. Chr. entspricht sein zweites Lebensjahr und diesem Jahr ist bereits die Goldene Zahl II zugeordnet.

Dass 532 minus 532 Null ergibt, darüber hat sich Dionysius sicher nicht den Kopf zerbrochen. Das Jahrtausendproblem wäre eindeutig zu lösen, hätte Dionysius statt mit 532 zu beginnen, das Jahr 533 gewählt. Das hat er – sehr wahrscheinlich aus gutem Grund - aber nicht getan. Es gibt nämlich noch andere Randbedingungen, die Dionysius berücksichtigen musste und die weniger beachtet werden. Schaltjahre sind stets durch 4 teilbar. Seit 8 n. Chr. wurde auf Befehl des Kaisers Augustus alle vier Jahre ein Schalttag eingefügt. Die Schriften zur gregorianischen Kalenderreform belegen (oder behaupten) eindeutig, dass dabei niemals ein Fehler passiert ist. Egal welche Jahreszahl Dionysius gewählt hätte, das Jahr, das wir heute mit 532 zählen, war nach den Regeln des julianischen Kalenders in jedem Fall ein Schaltjahr. Wenn Dionysius seine Zählung mit 533 begonnen hätte, dann gäbe es keine Teilbarkeit durch vier und in diesem Fall wäre beispielsweise das Jahr 2000 kein Schaltjahr gewesen. Bereits vor Dionysius gab es die Jahreszählung nach der Epoche des Kaisers Diokletian (Anni Diocletiani) beginnend mit dem 29. August 284. Weil 532 minus 284 gleich 248 ist, entsprach der Februar 532 n. Chr. dem Jahr 248 nach Diokletian. Die Teilbarkeitsregel war also bereits in der Zählung nach Diokletian anwendbar.

Die Jahreszahl 532 muss aber nicht nur durch 4 sondern auch durch 19 teilbar sein, damit der Beginn der Ostertafeln des Dionysius der Goldenen Zahl I entspricht. Jedes Jahr, das ein Vielfaches von 19 ist, wird mit der Goldenen Zahl I bezeichnet. Die Goldene Zahl I gehört damit sowohl zum Jahr 532 (=28*19) als auch zum Jahr 19 n. Chr. und ebenso zum Jahr 1 v. Chr.. Zum Jahr 1 n. Chr. gehört bereits die Goldene Zahl II. Allein die Vermutung Christus wäre in einem Jahr mit der Goldenen Zahl II zur Welt gekommen, erscheint absurd. Angeblich hat Beda Venerabilis, der dabei irischen Quellen folgte, daran aber keinen Anstoß genommen. (Holford-Strevens, 2005 S. 170).

Das eigentliche Problem des Geburtstermins liegt aber tiefer. Selbstverständlich kann ein männliches göttliches Wesen nur am Beginn eines Großen Heiligen Jahres in den sogenannten Neulichttagen geboren werden, wenn Sonne und Mond gleichzeitig an Leuchtkraft zunehmen. Bereits im Atrachasis-Epos (~1800 v. Chr.) wird auf Keilschrifttafeln die Zeugung des Menschen Lullu in den Neulichttagen beschrieben. *Die Neulichttage sind die nach der Wintersonnenwende. Für besonders heilig werden sie in den Jahren gehalten, in denen ihr erster mit dem Neumond zusammenfällt. Darum kann sich die Erschaffung des Menschen Lullu nur an solchem Beginn eines Heiligen Großen Jahres vollzogen haben.* (Böttcher, 1999 S. 53) Nach meiner Ansicht wurde die sogenannte „Nacht der Mütter", der Vorläufer von Weihnachten bei einem Neumond nach der Wintersonnenwende gefeiert, damit Sonne und Mond gleichzeitig an Leuchtkraft zunehmen. Auch Julius Caesar hat seine Kalenderreform mit einem solchen Neumond gestartet, denn am 2. Januar 45 v. Chr. war um 00:42 UT Neumond (Für Astronomen war es der 2. 1. -44.)

Wenn am 24. 12. 531 Neumond war, dann war nach mittelalterlicher Überzeugung auch 532 Jahre zuvor Neumond. In heutiger Zählweise entspricht dies dem 24. 12. 2 v. Chr.. Das stimmt nur „fast genau", denn die Mondphasen verschieben sich in 19 Jahren um zirka zwei Stunden gegenüber dem Sonnenstand. Daher ist es aus heutiger Sicht keine Überraschung, dass der Neumond erst am 26. Dezember 15h57 UT eingetreten ist. Der 26. Dezember ist aber formal falsch, denn zu dieser Zeit hat Augustus eine Kalenderreform durchgeführt, um fehlerhafte Schalttage zu korrigieren. Die Abweichung betrug damals zwei Tage und die gewissenhaften römischen Beamten hätten das Datum der Konjunktion daher als „Ante diem nonus kalendis Januaris DCCLII (752) ab urbe condita" entsprechend dem 24. Dezember 2 v. Chr. vermerkt. Es war somit ein unglaublicher Zufall oder ein Werk der Vorsehung, dass die christliche Epoche auf den 24. Dezember verschoben wurde. Wie es das Schicksal wollte, wurde Christus also gemäß Dionysius somit am 24. Dez.

2 v. Chr. um 15:57 geboren. Dabei gab es sogar eine partielle Sonnenfinsternis. Die christliche Zeitrechnung beginnt (unter Berücksichtigung der Kalenderreform des Augustus) daher am 1. Jan. 1 v. Chr. um 07:24 mit einem Halbmond. Diesem Neubeginn war die Goldene Zahl I zugeordnet. Ein Jahr später wäre der Neumond bereits 11 Tage früher, also noch vor der Wintersonnenwende erschienen.

Auch der Tod von Christus am Kreuz fand bei einer bestimmten Mondphase, dem Vollmond statt. Es erscheint extrem unwahrscheinlich und ich halte es für völlig ausgeschlossen, dass sich Dionysius Exiguus keine Gedanken über den Zusammenhang von christlicher Epoche und dem Neumond gemacht hat.

Bis in die jüngste Zeit kam den Mondphasen große Bedeutung sowohl für die Geburt als auch für die Zeugung zu. Egal wie man den Einfluss des Mondes auf unser Leben beurteilt, Zeugung und Geburt finden auch nach heutigem Wissenstand jeweils bei der gleichen Mondphase (nach 266 Tagen) statt. Wenn ein Kind bei Neumond gezeugt wurde, dann wird die Geburt ebenfalls bei Neumond erwartet. Mit einem Schwangerschaftsrechner kann man dies im Internet nachprüfen.

Neumond galt aber vor allem deshalb als günstiger Zeitpunkt der Empfängnis, weil man dann Knaben zeugte. Der Mond hatte bestimmenden Einfluss auf das Geschlecht. Neumond war positiv während abnehmender Mond negativ war, weil er Mädchen brachte oder zumindest Erzeugnisse minderer Qualität (Gelis, 1992 S. 78).

Heute darf man ungestraft behaupten, dass das erste Jahrtausend am 1. Januar 1 n. Chr. entsprechend der Goldenen Zahl II begonnen hat und Christus erst kurz vor dem Vollmond geboren wurde. Noch in der Renaissance hätte man sich möglicherweise vor der Inquisition verantworten müssen (Falls die Inquisitoren das Problem und die Konsequenzen daraus verstanden hätten).

Ein kleiner Schönheitsfehler bleibt, denn nach dem heutigen Sprachgebrauch fand die „Geburt Christi" bereits „vor Christi Geburt" statt. Allerdings ist die sogenannte retrospektive Zählweise eine Erfindung der Neuzeit. Hans Maier nennt in diesem Zusammenhang das Jahr 1651 und schreibt dazu: *1651 Giovanni Battista Riccioli SJ datiert in seinem «Almagestum novum» ausschließlich nach «Anni ante Christum». Mit ihm und Pétau setzt sich die retrospektive Ära in Europa endgültig durch* (Maier, 1991/2008 S. 120).

Durch die Kalenderreform im Jahr 1582 hat sich der Neumond verschoben. Als Folge dieser Verschiebung beginnen ab dem 20. Jahrhundert die Jahre entsprechend der Goldenen Zahl I mit einem Neumond am 1. Januar. Das sind beispielsweise die Jahre 1995, 2014, 2033, 2052 und 2071. Im Jahr 2052 ist es bereits der 2. Januar 3:05UT. Der Himmel selbst hat der Goldenen Zahl I eine neue Bedeutung verliehen. Erst im Jahr 1691 (=98*19) verlegte Papst Innozenz XII den Jahresanfang der Kirche auf den 1. Januar nachdem der Neumond auf den 30. Dezember 1690 gefallen war. Dass Innozenz XII für seine Kalenderkorrektur ein Jahr entsprechend der Goldenen Zahl I gewählt hat, ist kaum ein Zufall. Dass die Jahre mit der Goldenen Zahl I seit 1691 mit einem Neumond beginnen, könnte man als Fingerzeig des Himmels interpretieren, den alten heidnischen Jahresanfang auch im kirchlichen Bereich zu akzeptieren.

Aus Sicht der Goldenen Zahlen kommt nur der 1. Januar 2000 als Jahrtausendwechsel in Frage. Es gibt aber durchaus auch mathematische Argumente, die für diesen Jahrtausendwechsel sprechen.

Die Rede der Ziffer 8 im großen Rat der Ziffern gehalten

Ein herausragender Mathematiker und Naturforscher hat sich bereits vor mehr als zweihundert Jahren des Problems angenommen. Georg Christoph Lichtenberg (+ 1799) bemüht sich auf humorvolle Weise in seinem Essay *„Rede der Ziffer 8 am jüngsten Tage des 1798sten Jahres, im großen Rat der Ziffern gehalten (Die Nulle, wie gewöhnlich, im Präsidenten-Stuhl)"* das Problem zu durchleuchten. (Lichtenberg, 1983 S. 157). Im Internet ist die Rede mehrfach zu finden,

In der Rede geht es in humorvoller Weise um die Bedeutung der Rednerin, also der Ziffer 8, in der Jahreszählung. Ab dem Jahr 800 kam der Ziffer 8 eine große Bedeutung zu, denn ihr Wert wurde ab sofort mit 100 multipliziert und dadurch im Wortsinn aufgewertet. Ab 900 wurde sie zurückgestuft. Im Jahr 1798 besetzt sie nur die Einerstelle und verschwindet 1799 ganz. Allerdings erhält sie im Jahr 1800 ihre herausragende Position *„auf der Bank der Hunderter"* zurück. Nun zerbricht sich die Ziffer 8 in einem langen Monolog (manchmal durch ein Gemurmel der anderen Ziffern begleitet) den Kopf, ob das Jahr 1800 noch zum 18. Jahrhundert oder doch schon zu 19. Jahrhundert gehört, was sich als äußerst komplexes Problem herausstellt (*„denn Kleinigkeiten aufs Reine zu bringen, hat oft große Schwierigkeiten"*).

Humorvoll aber durchaus anspruchsvoll diskutiert die Ziffer 8 die Jahrhundertwende: Wenn seit Christi Geburt 1800 Jahre vergangen sind, dann beschließt das Jahr 1800 diesen Zeitraum und das neue Jahrhundert beginnt mit dem Jahr 1801. Analog dazu begann das dritte Jahrtausend mit dem 1. Januar 2001. Das ist aber nicht das letzte Wort der Ziffer 8 und auch die Ziffer 8 kann in ihrer Rede die Frage nicht eindeutig entscheiden.

Ihr wißt allerseits, daß im 6. Jahrhundert zu Rom ein kaum vier Fuß hoher Abt lebte, der, wo ich nicht irre, aus Skythien stammte. Er hieß Dionysius, und wegen seines geringfügigen Körpers: der Kleine

(Exiguus). Dieser kleine Mann hatte zuerst den großen Einfall, unsere Jahre nach der Geburt Christi zu zählen, das ist, unsere jetzige Zeitrechnung zu stiften. Soviel ich weiß, ist sein Geist nie gemessen worden; allein das weiß man mit vieler Zuverlässigkeit, daß er sich im Jahr der Geburt Christi wohl geirrt haben möge, praeter propter um etwa vier Jahre. Doch darauf kommt hier nichts an. (...)

Diese Schwierigkeit ist so groß (denn Kleinigkeiten aufs Reine zu bringen, hat oft große Schwierigkeiten), daß ein zweiter Dionysius, der tausend Jahre nach jenem kam, kein winziger vier Fuß hoher Abbé, sondern ein derber Sechsfüßer von einem französischen Jesuiten namens Dionysius Petavius, der, ob er gleich im 16. Jahrhundert zu Orleans und Paris sichtbar herumwandelte, im Geist größtenteils in den alten Zeiten spükte, sie so groß fand, daß er anfangs nicht recht mit sich selbst eins darüber werden konnte, sich einmal sogar selbst widersprach, doch aber am Ende bewies, wir zählten, wenn wir dionysisch zählen wollten, jetzt wirklich falsch und müßten eigentlich bisher schon 1799 gezählt haben, da wir 1798 zählten. Doch diese nur im Vorbeigehen und zum Beweis einer Unsicherheit in diesen Rechnungen, die wenigstens dazu dienen kann, eine andere zu entschuldigen.

Ihr werdet, teuerste Mitschwestern, allerseits gesehen haben, daß die Zweideutigkeit, von der ich soeben geredet habe, den Grenzstreit der Jahrhunderte gar nichts angeht. (Lichtenberg, 1983)

Dem letzten Satz kann ich nicht zustimmen, denn Dionysius Exiguus musste beim Aufstellen seiner Ostertafel die Teilbarkeit der Jahreszahlen beachten. Die Argumentation geht aber weiter:

Indessen aber, teuerste Mitschwestern, so sehr ich auch alte, ehrwürdige Gebräuche respektiere und überzeugt bin, daß sich unser christliches Jahrhundert erst mit dem 1. Jänner 1801 anfange, so kann ich euch doch unmöglich verhehlen, daß es auch Gründe gibt, die entgegengesetzte Meinung zu verteidigen, wiewohl ich sehr gern zugebe, daß diese Gründe eben nicht gerade die sein mögen, womit sie von ihren gewöhnlichen Anhängern verteidigt wird.

Man kann beispielsweise argumentieren: Wenn wir 1800 Euro und 22 Cent gespart haben, dann gehören die 22 Cent offenbar nicht mehr zu den 1800 Euro, die wir leicht als Papiergeld einwechseln können. Warum sollte also der 2. Februar 1800 noch zum alten Jahrhundert gehören? Wenn wir 1799 Euro und 99 Cent besitzen, dann genügt 1 Cent um das Sparziel zu erreichen. Dementsprechend beschließt der 31. Dezember 1799 um Mitternacht das 18. Jahrhundert.

Offensichtlich hängt das Problem mit der Teilbarkeit zusammen. Ein Euro kann in Cent geteilt werden, ein Cent kann nicht weiter geteilt werden. Menschen sind unteilbar und auch ganze Zahlen sind unteilbar (integer). Stehen 1000 Soldaten in einer Reihe, dann beginnt die zweite Reihe mit dem tausendundersten Soldaten. Wenn wir aber genau 1000 Liter Wasser (oder Wein) in einen Behälter füllen, dann bringt bereits der sprichwörtlich nächste Tropfen das Fass zum Überlaufen. Unter diesem Gesichtspunkt gehört die erste Sekunde nach Mitternacht, bereits zum folgenden Tag. Dementsprechend sagt die Radiosprecherin oder der Radiosprecher um Mitternacht: Es ist 24 Uhr, zugleich Null Uhr. Weil Zeiträume beliebig teilbar sind (in der Quantenphysik wird das anders interpretiert), hat somit, mathematisch gesehen, das zweite Jahrtausend am 1. Januar 2000 um null Uhr begonnen. Es gibt aber noch andere Gesichtspunkte. Betrachten wir folgende Zeitangabe:

2000-11-11 11:11 Uhr

Offensichtlich beschreibt das Datum den Beginn des Karnevals. Um 11 Uhr 11 sind seit Mitternacht 11 Stunden und 11 Minuten vergangen. Beim Datum ist das anders. Am 11. November sind seit Jahresbeginn erst 10 Monate und 10 Tage vergangen. Weil wir beim

Datum laufende und nicht vergangene Tage zählen, schreiben wir nicht den 10. 10. sondern das Datum 11. November.

Um 11 Uhr 11 sind seit Tagesbeginn bereits 11 Stunden und 11 Minuten (und nicht 10 Stunden und 10 Minuten) vergangen. Die obige Zeitangabe ist also sehr inkonsistent. Bei der Tageszeit zählen wir offensichtlich bereits „vergangene" Zeitspannen, bei den Tagen sind es „laufende" Zeitspannen. Die Ziffer 8 unterscheidet in ihrer Rede daher „laufende" und „vergangene" Zeitspannen sehr genau. Nun stellt sich die Frage: Zählen wir laufende oder vergangene Jahre?

Wenn wir laufende Jahre zählen, dann hat das dritte Jahrtausend am 1. Januar 2001 begonnen. Wenn wir aber vergangene Jahre zählen, dann hat das dritte Jahrtausend schon am 1. Januar 2000 begonnen. Vergangene Jahre zählen wir beispielsweise beim Geburtstag. Wenn jemand seinen 80. Geburtstag feiert, dann hat er 80 Jahre gelebt und es beginnt das 81. Lebensjahr. Der 1. Geburtstag liegt bereits ein Jahr nach dem „wirklichen" Geburtstag. Bei den Schuljahren ist das umgekehrt. Mit dem ersten Schultag beginnt das erste Schuljahr. Es handelt sich um ein typisches Lattenzaunproblem (auch Zaunpfahlproblem genannt), das bei Programmierern als Quelle unzähliger Fehler gefürchtet ist. Leider hilft diese Erkenntnis (trotz gegenteiliger Behauptungen) nicht weiter, denn das Lattenzaunproblem beschreibt, wie der Name sagt, ein Problem und präferiert keine Lösung. Trotzdem wird das Lattenzaunproblem immer wieder als „Beweis" für eine Jahrtausendwende am 1. Januar 2001 angeführt.

Weil eingangs von den Neunzigerjahren die Rede war, drängt sich die Frage auf, ob das Jahr 2000 noch zu den Neunzigerjahren des vorigen Jahrhunderts gehört. Nach meinem Empfinden haben die Neunzigerjahre am 1. Januar 1990 begonnen und bis zum 31. Dezember 1999 gedauert. Falls aber das Jahr 2000 noch zu den Neunzigerjahren des 20. Jahrhunderts gehört, dann haben die Neunzigerjahre entweder 11 Jahre gedauert oder das Jahr 1990 muss noch zu den Achtzigerjahren gerechnet werden. Was kam aber nach den Neunzigerjahren? Es klingt eigenartig, aber es waren die Nullerjahre des 21. Jahrhunderts.

Jesus Christus wurde nach der Überlieferung in den Dreißigerjahren (30-39) des ersten Jahrhunderts gekreuzigt. Davor gab es die Zwanzigerjahre (20-29), davor die Zehnerjahre (10-19) und…davor…? Waren es möglicherweise die Nullerjahre (1-9) des ersten Jahrtausends, die am 1. 1. n. Chr. begonnen und nur 9 Jahre gedauert haben?

Man kann noch viele Beispiele und Gegenbeispiele finden. Mit Hilfe von mathematischen Analysen kann aber die Frage der Jahrtausendwende nach meiner Ansicht nicht entschieden werden, denn die mathematischen Argumente für einen Jahrtausendwechsel am 1. Januar 2000 und am 1. Januar 2001 halten sich ungefähr die Waage. Berücksichtigt man aber Sonne und Mond, dann ist es „einleuchtend", dass das dritte Jahrtausend am 1. Januar 2000 begonnen hat.

Fazit: Ein göttliches Wesen kann nur am Beginn eines Großen Heiligen Jahres in den sogenannten Neulichttagen geboren werden. Von Neulichttagen spricht man, wenn die Wintersonnenwende mit einem Neumond zusammenfällt und somit Sonne und Mond gleichzeitig an Leuchtkraft gewinnen. Solchen Jahren war die Goldene Zahl I zugeordnet und in einem solchen Jahr hat Dionysius die christliche Zeitrechnung gestartet. Weil Große Heilige Jahre im Mittelalter mit 532 Jahren angenommen wurden, beginnt die christliche Ära mit dem 1. Januar 1 v. Christus. Ein Jahr später wäre Christus zwischen Halbmond und Vollmond zu Welt gekommen. Dass die christliche Ära am 1. Januar 1 n. Chr. mit der Goldenen Zahl II bei abnehmendem Mond beginnt, wäre für die Menschen des Mittelalters nicht akzeptabel gewesen. Dionysius Exiguus hat die christliche Zeitrechnung im Jahre 525 konzipiert und man sollte ihm eine Art Urheberrecht bei der Jahreszählung zuerkennen. Ob er ein Jahr Null gekannt hat oder nicht, spielt dabei keine Rolle.

Der Mondzyklus-Kalender

Der Mondkalender der Natur

Für die meisten Menschen war es früher unerheblich, ob der Mondkalender nach festen Regeln vorausberechnet werden konnte oder nicht. Auch in größeren Gemeinschaften war es ausreichend, wenn der Monatserste durch eine Autoritätsperson kommuniziert wurde. Vielleicht überschätzen auch Historiker die Bedeutung von berechneten Kalendern in ihrem Bestreben Ordnung in die Vergangenheit zu bringen.

Der julianische Kalender war viel zu kompliziert um der Bevölkerung bei der Strukturierung ihres Lebens eine Hilfestellung zu bieten. Für unsere Vorfahren auf dem Land war es daher selbstverständlich Termine mit Hilfe der Mondphasen festzulegen. Dabei war es ausreichend, dass der erste Monatstag durch eine Autoritätsperson „ausgerufen" wurde. Von diesem Ausrufen (lat. calare) leitet sich der Name Kalender ab. Der römische Mondmonat begann an den **Kalenden**. Die **Nonen** entsprachen dem zunehmenden Halbmond und die **Iden** dem Vollmond. Diese drei besonderen Tage gab es später auch im Sonnenkalender, allerdings ohne Bezug zu den Mondphasen.

Vermutlich haben Autoritätspersonen die Tage des Mondmonats dann durch Feuersignale auf Kalenderbergen (Kalvarienbergen?) kommuniziert. Es gibt auch Hinweise, dass Maibäume als Mondkalender dienten. Auch die vierzehn Kreuzwegbilder in den Kirchen könnten aus einfachen Mondkalendern entstanden sein. Der aktuelle Tag wurde beispielsweise durch Blumenschmuck in den Gemeinschaftsräumen oder Kirchen angezeigt.

Abseits der Siedlungsräume wurden Zählhilfen (Hirtenstäbe) verwendet. Auch Menschen, die buchstäblich nicht bis drei zählen konnten, gelang es problemlos die Zeit bis zum nächsten Vollmond zu überblicken. Einen Sonnenkalender kann man ohne entsprechende Hilfsmittel nicht verwenden, denn, damals wie heute, war es den Menschen nicht zumutbar, die 365 Tage des Jahres alle einzeln zu zählen.

Bis zur Verbreitung des künstlichen Lichtes war der Mond als nächtliche Lichtquelle sehr wichtig (in England nahm man noch vor zwei Generationen bei der Festsetzung von Treffen auf den Vollmond als Lichtquelle für den Weg Rücksicht), und die zeiteinteilende Kraft der Mondphasen wurde in manchen Kulturen stärker beachtet als der Lauf der Jahreszeiten (Zemanek, 1978 S. 49).

Termine mit Hilfe der Mondphasen zu vereinbaren ist einfach und die Information steht weltweit kostenlos zur Verfügung. Meist genügt beispielsweise die Vereinbarung: „Wir treffen uns zwei Tage vor dem Vollmond". Für die „Feinabstimmung" verwendete man die Wochentage.

Noch vor 200 Jahren war bei Stadtfesten der Vollmond willkommen oder sogar unverzichtbar. Im Jahre 1848 erschien Franz Grillparzers Rahmennovelle „Der arme Spielmann". Diese beginnt mit den Worten: *„In Wien ist der Sonntag nach dem Vollmonde im Monat Juli jedes Jahres samt dem darauf folgenden Tage ein eigentliches Volksfest, wenn je ein Fest diesen Namen verdient hat. (...) An diesem Tage feiert die mit dem Augarten, der Leopoldstadt, dem Prater in ununterbrochener Lustreihe zusammenhängende Brigittenau ihre Kirchweihe. Von Brigittenkirchtag zu Brigittenkirchtag zählt seine guten Tage das arbeitende Volk. Lange erwartet, erscheint endlich das saturnalische Fest".*

Selbstverständlich möchte man gerne wissen, wie lange ein Mondmonat dauern wird. Angenommen man verwendet die erste Sichtung der Mondsichel als Monatsbeginn, dann kann Schlechtwetter die Sichtung erschweren oder unmöglich machen. Dazu kommt, dass die Mondbahn elliptisch ist, wodurch es kürzere und längere Lunationen gibt. Weil die Dauer eines synodischen Mondmonats zwischen 29,3 und 29,8

Tagen schwankt und im Mittel 29,53059 Tage beträgt, wird die Monatslänge abwechselnd 29 oder 30 Tage betragen. Weil die mittlere Lunation aber nicht exakt 29,5 Tage dauert, wird es auf längere Sicht mehr Monate mit 30 Tagen als mit 29 Tagen geben. Schon hier zeigt sich, dass die Vorausberechnung eines Mondkalenders keine einfache Aufgabe darstellt.

Warum man unbedingt ohne Mondbeobachtung auskommen wollte, ist nicht unmittelbar einzusehen, denn man musste die Bevölkerung ohnehin laufend über den aktuellen Kalendertag informieren (wie das im Prinzip auch heute geschieht). Der menschliche Forscherdrang die Geheimnisse der Natur zu ergründen, war aber schon immer eine starke Motivation und auch für Priester, Sterndeuter und Verwaltungsbeamte war es erstrebenswert die Mondphasen vorausberechnen zu können.

Der Meton-Zyklus

Bereits in der Steinzeit haben sich Menschen zur Zeit der Sonnenwenden getroffen und dabei mit Hilfe von Peilsteinen aufmerksam den Himmel beobachtet. Viele Steinkreise aus dieser Zeit wurden rekonstruiert. Bei diesen Zusammenkünften hätten die Menschen feststellen können, dass nach 8, nach 19 sowie nach 30 Jahren zur Zeit der Sonnenwenden die gleiche Mondphase am Himmel erscheint.

Wahrscheinlich kannten die zuständigen Priester diese Mondzyklen. Während die Abweichung nach 8 und nach 30 Jahren jeweils 1 ½ Tage beträgt, ist nach 19 Jahren praktisch keine Abweichung feststellbar. Ein Neumond am Tag der Wintersonnenwende wiederholt sich nach 19 tropischen Jahren fast zeitgleich. Den 19 Jahren entsprechen dabei genau 235 synodische Mondmonate.

Wegen dieser bemerkenswerten Regelmäßigkeit hat der 19jährige Mondzyklus zu Recht einen speziellen Namen erhalten. Er heißt **Meton-Zyklus** oder auch **Meton-Periode** nach dem griechischen Astronomen Meton, der diesen Zyklus angeblich im Jahr 432 v. Chr. entdeckt hat. Die Differenz zwischen Sonnenstand und Mondphase beträgt in 19 Jahren nur 2 Stunden 5 min oder einen Tag in 218 Jahren.

Bis 1582 wurde der julianische Kalender verwendet. Die Tabelle zeigt, dass die Mondphasen langsam hinter dem julianischen Kalender zurückbleiben. In 19 Jahren betrug die Differenz (6939,68865-6939,75 =) -0,06135 Tage. In 310 Jahren ergibt sich eine Verschiebung von einem Tag.

19 julianische Jahre dauern	19*365,25 =	6939,75 Tage
235 Lunationen dauern	235*29,53059=	6939,68865 Tage
19 gregorianische Jahre	19*365,2425 =	6939,6075 Tage
19 tropische Jahre dauern	19*365,24219 =	6939,60161 Tage

Im gregorianischen Kalender hat sich die Drift umgekehrt, so dass die Mondphasen im Kalender vorwandern. In 19 Jahren beträgt die Differenz (6939,68865-6939,6075 =) +0,08115 Tage. Mit anderen Worten: Ein Neumond am 1. Januar wandert nach 12 Meton-Zyklen auf den 2. Januar. Wegen der speziellen Schalttage des gregorianischen Kalenders gilt dies nur als Mittelwert auf längere Zeiträume bezogen.

Der julianische Kalender weicht deutlich vom tropischen Jahr ab. Bereits nach 130 Jahren ist der Fehler auf einen Tag angewachsen. Der 19jährige Mondzyklus weicht weniger deutlich vom tropischen Jahr ab. Erst nach 220 Jahren ist der Fehler auf einen Tag angewachsen. Beide Abweichungen können nur von Spezialisten festgestellt werden, die entsprechend genaue Sonnenpeilungen vornehmen.

Der Meton-Zyklus ermöglichte es, nahezu perfekte Mondkalender zu schaffen. Die Kalender waren so gut durchdacht, dass sie durch viele Jahrhunderte verwendet werden konnten. Die Computisten des Mittelalters waren sogar der Meinung, dass der Meton-Zyklus auf beliebige Zeiträume extrapoliert werden kann und man hat Ostertafeln für 532 Jahre im Voraus berechnet und erwartet, dass diese Ostertermine sogar ewig gelten. Mit der Zeit hat die kleine Differenz von 2 Stunden in 19 Jahren aber zu einem unglaublichen Chaos bei der Osterrechnung geführt. Dieses Chaos wurde dauerhaft erst durch die gregorianische Reform beseitigt. Somit war die hohe Präzision der Meton-Periode Segen und Fluch gleichzeitig. Besser gesagt, zuerst ein Segen, dann ein Fluch.

Besonders fällt auf, dass der julianische Kalender besser an die Mondphasen angepasst ist, als an die Sonnenjahre. Die Mondphasen verschieben sich in 19 Jahren nur um 0,06135 Tage, was nach 1064 Jahren aber immerhin bereits 3,44 Tage ausmacht (siehe Kapitel „Die Drift des Neumondes").

Deutlicher war die Verschiebung zwischen dem Sonnenstand und dem julianischen Kalender. Obwohl die Verschiebung in 19 Jahren nur ca. 0,15 Tage beträgt (6939,75-6939,60161 = 0,14839), ergeben sich in 532 Jahren bereits 4,15 Tage und in 1064 Jahren sind es 8,3 Tage. Bei der gregorianischen Kalenderreform im Jahr 1582 wurden schließlich 10 Tage aus dem Kalender gestrichen, angeblich um die Verschiebung der Wintersonnenwende seit dem Jahr 325 zu korrigieren. Allerdings war es nur bei Auslassung von genau 10 Tagen möglich, auf Dauer die sogenannten Ostergrenzen einzuhalten. Dies wird im Kapitel „Die Osterrechnung" ausführlicher besprochen.

Das Mondjahr mit 354 Tagen

Um einen Lunisolarkalender zu schaffen muss man die 6940 Tage der Meton-Periode möglichst einfach und verständlich in Mondmonate aufteilen. Die Länge der Mondmonate darf aber nicht wesentlich von 29 ½ Tagen abweichen, sonst stimmen die Mondphasen nicht mit dem Kalender überein.

Angenommen man verwendet Monate mit abwechselnd 29 und 30 Tagen, dann ergeben sich nach 12 Monaten genau (6*29+6*30=) 354 Tage. Fügen wir in 19 Jahren 7 Schaltmonate zu je 30 Tagen ein, dann ergeben sich (19*354 + 7*30 =) 6936 Tage.

Das Ergebnis erscheint brauchbar, ist aber, genauer betrachtet, eine Katastrophe: Am Zyklusende weichen die berechneten Mondphasen um fast 4 Tage von den „himmlischen Mondphasen" ab. Nicht nur, dass man die Allgemeinheit über den fallweisen Einschub eines dreizehnten Monats mit 30 Tagen informieren muss, man muss auch die vier fehlenden Tage möglichst gleichmäßig und verständlich über den Zyklus verteilen.

Man hat eine brauchbare Lösung gefunden. Alle vier Jahre wurde im Februar ein Mondschalttag geschaltet. In 19 Jahren ergeben sich fast 5 Schalttage. Nun ist der berechnete Zyklus um einen Tag zu lang. Dieser Tag kann am Zyklusende wieder übersprungen werden und wurde „saltus lunae" (Mondsprung) genannt.

$$19 * 354 + 7 * 30 + 5 - 1 = 6940$$

Die Mondschalttage wurden am 24. Februar, der Mondsprung am 25. November geschaltet. Der Gelehrte Alkuin (um 735-804) am Hof Karl des Großen hat darüber zwei Traktate verfasst: *De saltu lunae* und De *bissexto* (Springsfeld, 2000 S. 64).

Genauer ist es vier Perioden (76 Jahre) zu berechnen, was als Kallippischer Zyklus bezeichnet wird:

$$4 * 6936 + 19 \text{ Mondschalttage} - 4 \text{ Saltus lunae} = 27759 \text{ Tage}$$
$$76 * 365 + 19 \text{ Sonnenschalttage} = 4 * 6939{,}75 \text{ Tage} = 27759 \text{ Tage}$$

Die Übereinstimmung mit dem julianischen Jahr ist perfekt. Es ist aber nicht die Aufgabe eines Mondkalenders das julianische Jahr abzubilden. Ein brauchbarer Mondkalender muss sicherstellen, dass am Tag des Vollmondes auch tatsächlich der Vollmond scheint. Mond- und Sonnenjahre werden zwar erstaunlich gut angenähert. Trotzdem werden die zuvor genannten Abweichungen mit der Zeit zum Problem.

Besonders bemerkenswert ist, dass man sowohl im Sonnen- als auch im Mondkalender alle vier Jahre einen Schalttag benötigt. Es ist denkbar, dass viele Anwender von Mondkalendern gar nicht wussten, dass der Mond-Schalttag im Februar gleichzeitig den Sonnenkalender schaltet.

Weil der 25. Monatstag im Mondkalender möglicherweise dem Neumond zugeordnet war, könnte dies die Erklärung für die eigenartige Lage des Schalttages sein (Glaninger, 2016 S. 88). Wenn dies zutrifft, dann hätte der Mond auch den Schalttag im julianischen Kalender bestimmt oder zumindest mitbestimmt.

Das Mondjahr mit 355 Tagen

In ältester Zeit verwendeten die Römer Mondmonate mit 29 und 31 Tagen. Innerhalb einer Meton-Periode erzwingt die Anpassung an die Mondphasen dabei die folgende Aufteilung:

$173*29 + 62*31 = 6939$ Tage

Auf einen Monat mit 31 Tagen folgen meist drei Monate mit 29 Tagen. In seltenen Fällen sind es nur zwei Monate. Der Vorteil des Kalenders ist, dass die Monatslänge nicht monatlich wechselt und daher leichter kommuniziert werden kann. Im Prinzip ist es bei direkter Mondbeobachtung egal, welche Monatslängen verwendet werden. Allerdings liegen die Vorteile einer festen Kalenderstruktur für Großstädte wie Rom doch auf der Hand. Verwendet man eine Jahreslänge von 355 Tagen, dann ergibt sich folgende Aufteilung innerhalb einer Meton-Periode:

$$19 * 355 + 6 * 28 + 1 * 27 = 6940$$

Die obige Gleichung erklärt auf einfache Weise die extravagante Länge des Februars. Man benötigt also sechs Schaltmonate mit 28 Tagen. Wenn man dem Februar des regulären Mondjahres bereits 28 Tage zuweist, dann konnte dieser Monat bei Bedarf verdoppelt werden. Der Bedarf war immer dann vorhanden, wenn der Frühling zu lange auf sich warten ließ. Einmal in 19 Jahren musste der Schaltmonat um einen Tag gekürzt werden. Bei Verwendung eines Mondjahres mit 354 Tagen muss man ungleich mehr Informationen für die korrekte Führung des Kalenders berücksichtigen.

Ein 355-Tage-Mondkalender wurde tatsächlich nahe Rom gefunden. Der gemalte Wandkalender wurde als Fasti Antiates maiores berühmt. Er enthält sowohl die 28 Tage des regulären Februars, als auch die 27 Tage des gekürzten Monats. Somit könnte er direkt als Mondkalender verwendet werden. Wie später ausführlich beschrieben, wurde er nach Meinung der Historiker in ganz anderer Weise verwendet und ging als „verdorbener Sonnenkalender" in die Kalendergeschichte ein.

Eine Lunation dauert im Mittel 29,53059 Tage. Zwölf synodische Mondmonate entsprechen daher 354,36708 Tagen. Auf den ersten Blick scheint es genauer eine Jahreslänge von 354 Tagen zu verwenden. Weil man aber den Rundungsfehler in jedem Fall nach einiger Zeit korrigieren muss, spielt die Jahreslänge innerhalb einer Meton-Periode keine entscheidende Rolle.

Der Meton-Zyklus wird auch im jüdischen Kalender verwendet. Allerdings ist der jüdische Mondkalender durch die Rücksichtnahme auf die Siebentagewoche (insbesondere auf den Sabbat) sehr kompliziert aufgebaut. Die Jahreslänge kann 353, 354 und 355 Tage betragen. In Schaltjahren ist sie 30 Tage länger.

Monate mit 31 Tagen sind um fast 1 ½ Tage länger als eine Lunation. Es hat aber durchaus Vorteile gelegentlich längere Mondmonate zu wählen. Wenn die erste Mondsichel am ersten Monatstag gerade noch zu erkennen ist und man trotzdem die Monatslänge auf 31 Tage festlegt, dann wird jedermann und jedefrau am Beginn des kommenden Monats bereits eine ausgeprägte Mondsichel erkennen können. Nun kann man, ohne über Monatslängen nachzudenken, so lange Mondmonate mit 29 Tagen verwenden, bis die Mondsichel wieder fast unsichtbar wird. Dabei genügt es, wenn der zuständige Priester drei- bis viermal pro Jahr einen Monat mit 31 Tagen ausruft. Ursprünglich waren dies die Monate März, Juli, Oktober und später auch der Mai. Noch heute sind dies in alter Zählweise die einzigen vier Monate, die sieben Tage zwischen den Kalenden und den Nonen aufweisen. (vgl. „Die römische Zählweise")

Der alte römische Kalender

Der Kalender des Romulus

Heute verwenden wir den gregorianischen Kalender. Das Jahr wird in zwölf Monate geteilt. Die Monatslängen sind unregelmäßig und gewöhnungsbedürftig. Sieben Monate enthalten 31 Tage und vier Monate enthalten 30 Tage. Deutlich kürzer ist der Februar mit 28 Tagen. In Schaltjahren wird er um einen Tag verlängert. Wieso hat man eine so komplizierte Aufteilung gewählt und über viele Jahrhunderte tradiert?

Die Struktur unseres Kalenders geht der Sage nach bereits auf Romulus zurück, der um 753 v. Chr. Rom gegründet hat. Sein Vater war der Kriegsgott Mars, damals aber noch ein friedlicher Waldgott. Seinen Bruder Remulus hat Romulus im Streit erschlagen. Obwohl Romulus mit der Gründung von Rom sicher stark ausgelastet war, hat er auch einen Kalender erfunden, wie wir unter anderem aus den „Tischgesprächen am Saturnalienfest", verfasst von Ambrosius Theodosius Macrobius erfahren (Macrobius, 2008). Der Kalender des Romulus umfasste vier Monate mit 31 Tagen und sechs Monate mit 30 Tagen.

Jan	Feb	Mar	Apr	Mai	Jun	Jul	Aug	Sep	Okt	Nov	Dez	Σ
-	-	31	30	31	30	31	30	30	31	30	30	304

Die Struktur des Kalenders ist in den heute verwendeten Monatslängen noch gegenwärtig. Das Jahr begann mit dem März (31 Tage), gefolgt vom April (30 Tage). Die Monate Januar und Februar existierten (noch) nicht. Juli und August hießen Qintilis und Sextilis. Der September (septem=7) war der siebente Monat und der Dezember (decem=10) der letzte Monat des romuleischen Jahres.

Obwohl der Kalender nur wenige Jahre gültig war und bereits durch Numa Pompilius um 700 v. Chr. grundlegend reformiert wurde, erinnert sich beispielsweise Nikolaus von Kues (lat. Cusanus) mehr als 2000 Jahre später noch genau an die zehn Monate des Romulus (Däppen, 2006 S. 16).

Die zehn Monate des Romulus umfassen 304 Tage. Auf den ersten Blick ergibt diese kurze Jahreslänge keinen Sinn, denn ohne Korrektur wandert der Jahresanfang durch die Jahreszeiten. Macrobius schreibt dazu: *Wenn dies geschah, dann ließ man ohne irgendeine Monats-Bezeichnung so viele Tage verstreichen, wie viel bis zu der Jahreszeit fehlten, bei der das Wetter zum anstehenden Monat passte* (Saturnalien 1,12,39) (Macrobius, 2008 S. 64). Wenn man den Kalender des Romulus als Mondkalender versteht, der im Frühjahr bei einer bestimmten Mondphase gestartet wird und nach 304 Tagen am Winterbeginn endet, dann kann der Kalender durchaus in der Praxis verwendet werden, denn zwei Monate Winterruhe erscheinen angemessen. Ein perfekter Mondkalender war es nicht, denn offensichtlich sind die zehn Monate des Romulus länger als zehn synodische Mondmonate, die nur 295 Tage umfassen.

Die große Ähnlichkeit zu den heute verwendeten Monatslängen erscheint verdächtig. Romulus hat offensichtlich die julianische Kalenderreform bereits vorweggenommen. Friedrich Karl Ginzel vermutet, dass Macrobius und andere das Jahr des Romulus „*durch eine hypothetische Konstruktion auf 304 Tage zurecht gemacht hatten*" (Ginzel, 1911 S. 231 §179). Möglicherweise kannte man die ursprünglichen Monatslängen nicht mehr und spätere Schriftsteller oder Kopisten haben sich durch die Monatslängen des julianischen Kalenders inspirieren lassen. Darauf kommt es hier aber nicht an, denn der Kalender wurde nur wenige Jahre später durch Numa Pompilius (* 750 v. Chr., +672 v. Chr.), dem zweiten König von Rom, gleich zweimal korrigiert.

Der Kalender des Numa Pompilius

Numa Pompilius kürzte zunächst im Romuleischen Kalender die sechs Monate mit 30 Tagen auf 29 Tage, sodass die Jahreslänge auf 298 Tage schrumpfte. Nun fehlten 56 Tage auf das Mondjahr.

Die sich so ergebenden sechsundfünfzig Tage verteilte er im gleichen Verhältnis auf zwei neue Monate. (3) Von diesen beiden Monaten nannte er den ersten Januar und wollte, er solle der erste Monat des Jahres sein, sozusagen als Monat des doppelköpfigen Gottes, der auf das Ende des vergangenen Jahres zurückblickt und auf den Beginn des neuen Jahres voraussieht. Den zweiten Monat weihte er dem Gott Februus, der als Herr der Reinigung gilt (Saturnalien 1,13) (Macrobius, 2008 S. 64).

Nach der Beschreibung des Macrobius hat der Mondkalender im ersten Anlauf so ausgesehen:

Jan	Feb	Mar	Apr	Mai	Jun	Jul	Aug	Sep	Okt	Nov	Dez	Σ
28	28	31	29	31	29	31	29	29	31	29	29	354

Der neu geschaffene Kalender wird von Numa selbst wenig später wieder modifiziert: (5) *Kurz danach fügt Numa zur Ehre der ungeraden Zahl (dieses Geheimnis enthüllte die Natur schon vor Pythagoras) noch einen Tag hinzu, den er dem Januar zuwies, damit sowohl im Jahr wie in den Einzelmonaten (mit alleiniger Ausnahme des Februars) die ungerade Zahl gewahrt würde.* (Saturnalien 1,13) (Macrobius, 2008 S. 65)

Warum berichtet Macrobius so ausführlich über eine Kalenderform, die unmittelbar nach seiner Einführung wieder modifiziert wurde? Sehr wahrscheinlich hat Macrobius hier etwas verwechselt: Nicht der Januar hatte in der ersten Version 28 Tage sondern der Februar wurde alle zwei bis drei Jahre verdoppelt, was in Summe 56 Tage ergibt.

Da Macrobius aber erst mehr als 1000 Jahre nach Numa gelebt hat, ist es überhaupt erstaunlich, dass Macrobius uns so viele Details aus den Anfängen des Kalenders überliefert. Die Frage nach Dichtung und Wahrheit soll hier aber nicht gestellt werden, denn trotz aller Ungereimtheiten wird die Geschichte des Kalenders von Macrobius plausibel dargestellt und ist durchaus geeignet eine Vorstellung von der Entstehung des Numanischen Kalenders zu vermitteln.

Das Mondjahr dauert im Mittel (12*29,53=) 354,36 Tage. Obwohl 354 somit eine gute Näherung darstellt, erhöhte Numa die Jahreslänge auf 355 Tage, wobei der Januar 29 Tage erhielt.

Jan	Feb	Mar	Apr	Mai	Jun	Jul	Aug	Sep	Okt	Nov	Dez	Σ
28	28	31	29	31	29	31	29	29	31	29	29	354
+1												
29	28	31	29	31	29	31	29	29	31	29	29	355

Als Mondkalender interpretiert, ist der Kalender mit 355 Tagen ein Geniestreich. Dabei erweisen sich die 28 Tage des Februars als sinnvolle und praktische Festlegung. Ein Kalender mit 355 Tagen und den obigen Monatslängen wurde als Wandkalender in Anzio (Antium) nahe Rom gefunden. Er wurde als Fasti Antiates maiores berühmt und auf die Zeit vor der julianischen Kalenderreform datiert. Darüber wird in einem eigenen Kapitel berichtet.

Macrobius interpretiert den Kalender der 355 Tage in ganz anderer Weise. Er vermutet, dass Numa ungerade Zahlen bevorzugt hat, weil er sie als männlich und wohltätig angesehen hat. Der Sage nach hat Numa den qualitativen Unterschied der Zahlen von Pythagoras gelernt, dessen Schüler er war. Bei seinen Regierungsgeschäften wurde er durch die Quellnymphe Egeria beraten (und daher ist es bemerkenswert, dass er gerade Zahlen als weiblich und unheilbringend angesehen hat).

Auch Censorinus kann sich im 3. Jahrhundert n. Chr. die eigenartige Jahreslänge nicht erklären: *Das Überschießen des einen Tages geschah entweder aus Unwissenheit, oder, und hierzu neige ich eher, aus dem Aberglauben heraus, dass eine ungerade Zahl als Vollzahl und glückverheißender galt.* (Censorinus, 1983 S. 2,XX,4). (Zimmermann, 2014) (URL: http://12koerbe.de/arche/censorin.htm)

Dem Februar als Reinigungsmonat (februare lat. reinigen) wurde von Numa eine besondere Länge zugestanden. *Allein der Februar behielt achtundzwanzig Tage, weil zu den Gottheiten der Unterwelt sowohl die Verminderung wie die gerade Zahl passten* (Saturnalien 1,13,7) (Macrobius, 2008 S. 65). Die Erklärung hat wenig Überzeugungskraft. Die 28 Tage des Februars fallen jedem sofort auf, insbesondere wenn er „weibliche" Zahlen verabscheut, während es weitgehend unbemerkt bleibt, ob ein Jahr 354 oder 355 Tage hat. Der Vorteil einer Verlängerung des Mondjahres auf 355 Tage in Kombination mit den 28 Tagen des Februars wurde von Macrobius offensichtlich nicht erkannt.

Numa Pompilius befand sich somit in einem Dilemma. Wenn er zwölf ungerade Monatslängen wählt, dann ist die Zahl der Tage des Jahres gerade. Numa Pompilius will aber unbedingt eine ungerade Zahl von Tagen erreichen. Dazu muss er aber mindestens einem Monat eine gerade Zahl von Tagen zuweisen. Es bleibt dabei die Frage offen, warum der Februar im Zuge der Reform nicht 30 Tage erhalten hat. Dies könnte ein weiterer Hinweis sein, dass man in Rom die Kombination einer Jahreslänge von 355 Tagen mit der Länge des Februars mit 28 Tagen sehr früh gekannt hat. Macrobius beschreibt eindrucksvoll die zahlreichen Schwierigkeiten, die diese Festlegungen nach sich zogen. An dieser Einschätzung hat sich bis heute nichts geändert, denn der Kalender des Numa wird nach wie vor als „verderbter Sonnenkalender" interpretiert und sogar als chronologisches Monstrum bezeichnet.

Nach Macrobius verwendeten die Griechen abwechselnd Monate mit 29 und 30 Tagen. Nach 12 Monaten ergeben sich somit 354 Tage. Viele Mondkalender sind nach diesem Prinzip aufgebaut. Die Römer verwendeten, vom Februar abgesehen, aber nur Monate mit 29 oder 31 Tagen. Antike Autoren erklären die ungeraden Monatslängen mit dem Misstrauen gegenüber geraden Zahlen, die als weiblich und unglückbringend angesehen wurden. Viel wahrscheinlicher erscheint mir, dass die Römer schon sehr früh die Vorteile ungerader Monatslängen erkannt haben.

Wenn auf jeweils einen Monat mit 31 Tagen drei Monate mit 29 Tagen folgen, so ergibt dies im Mittel ebenfalls 29,5 Tage. Es ist auf längere Sicht egal, ob man in einem Mondjahr 6 Monate mit 29 und 6 Monate mit 30 Tagen verwendet oder ob man in einem Mondjahr drei Monate mit 31 Tagen und neun Monate mit 29 Tagen verwendet, was ebenfalls 354 Tage ergibt. Diese Aufteilung hat den Vorteil, dass sie leichter zu memorieren und leichter zu kommunizieren ist, denn man benötigt die Information „langer Monat" nur dreimal im Jahr. Alle übrigen Monate besitzen eine Länge von 29 Tagen.

Das römische Mondjahr könnte demnach so organisiert gewesen sein: Im Frühjahr beobachtet ein Priester die erste Mondsichel, das sogenannte Neulicht, und legt den ersten Monat mit 31 Tagen fest. Der erste Monat wurde zu Ehren von Mars als Martius (März) bezeichnet.

Weil 31 Tage länger als eine Lunation sind, wird Anfang April, die Mondsichel etwas kräftiger ausfallen. Daher muss ein kurzer Monat folgen, der durch „Ausrufen" verkündet wird. Gleiches gilt auch für die folgenden Monate. Die Mondsichel am Monatsanfang wird von Monat zu Monat immer schmäler und der Halbmond erscheint entsprechend später. Spätestens im Monat Quintilis (heute Juli genannt) muss wieder ein langer Monat eingeschoben werden.

Ein typisches römisches Mondjahr könnte beispielsweise so ausgesehen haben.

Jan	Feb	Mar	Apr	Mai	Jun	Jul	Aug	Sep	Okt	Nov	Dez	Σ
29	29	31	29	29	29	31	29	29	31	29	29	354

Die Ähnlichkeit mit dem Numanischen Kalender ist auffallend. Man kann die scheinbar komplizierte Kalenderstruktur also ganz einfach aus Naturbeobachtungen ableiten.

Das Mondjahr mit 354 Tagen ist etwas kürzer als 12 Lunationen, die in Summe 354,36 Tage betragen. Die Differenz muss durch entsprechende Schaltmonate kompensiert werden. Im Kapitel „Das Mondjahr mit 354 Tagen" wurde gezeigt, dass diese Schaltmonate ungleiche Längen aufweisen müssen, damit dem Meton-Zyklus entsprochen wird. Solange der Kalender nur 10 Monate umfasste und jedes Jahr im März neu gestartet wurde, gab es dieses Problem nicht.

Ich nehme an, dass man mit der Zeit erkannt hat, dass ein Mondkalender mit 355 Tagen in Verbindung mit einem Schaltmonat von 28 Tagen Vorteile bringt.

Man kann den zweiten Kalender des Numa direkt von dem eben rekonstruierten Kalender ableiten. Dem Mai werden 2 Tage zugegeben und der Februar um einen Tag gekürzt.

Jan	Feb	Mar	Apr	Mai	Jun	Jul	Aug	Sep	Okt	Nov	Dez	Σ
29	29	31	29	29	29	31	29	29	31	29	29	354
	-1			+2								
29	28	31	29	31	29	31	29	29	31	29	29	355

Wie auch immer die eigenartigen Monatslängen entstanden sind, beim Kalender des Numa Pompilius handelt es sich um einen wirklich genialen Mondkalender.

Das „Ausrufen" des Kalenders

Antike Autoren beschreiben sehr genau, wie der Kalender kommuniziert wurde: Sobald die erste Mondsichel erschienen war, rief der zuständige Priester fünfmal oder siebenmal das griechische Wort kalo um die Bevölkerung über die Monatslänge zu informieren.

(9) In der alten Zeit nun, bevor noch das Verzeichnis der Gerichtstage vom Schreiber Gnaeus Flavius gegen den Willen der Patrizier zur allgemeinen Kenntnis gebracht wurde, oblag einem Priester minderen Ranges die Aufgabe, die erste Spur des neuen Mondes zu beobachten und sogleich dem Opferkönig darüber Bericht zu erstatten. (10) Nachdem daher der <Opfer->König und der mindere Priester ein Opfer dargebracht hatten, berief [calata], d. h. bestellte [vocata] derselbe Priester das Volk auf das Capitol bei der Curia Calabra, die ganz nahe bei der Hütte des Romulus liegt. Dort gab er bekannt, wie viel Tage zwischen Kalenden und Nonen lagen; dabei rief er für fünf Tage das Wort kalo fünfmal aus, während er für sieben Tage das Wort siebenmal wiederholte. (11) Das Wort kalo ist aber griechisch und bedeutet „ich rufe", und man beschloss den Tag, der unter den ausgerufenen der erste war, Kalenden zu nennen. Deshalb erhielt auch die Curie, zu der einberufen wurde, den Namen Calabra; ebenso hieß die Versammlung <calata>, weil das ganze Volk zu ihr berufen wurde. (Saturnalien, 1,15) (Macrobius, 2008 S. 70f)

Der römische Mondmonat bestand bis zur julianischen Kalenderreform somit aus zwei Abschnitten mit 8 und 16 Tagen, also aus einem fixen Kern mit 24 Tagen. (Der Februar bildete mit 23 Tagen eine Ausnahme) Somit fehlten in kurzen Monaten 5 Tage (5+24=29) und in langen Monaten 7 Tage (7+24=31) zur Erreichung der Monatslänge.

Kalenden (Neumond), es folgen	**5 Tage**	**7 Tage**
Nonen (Halbmond), es folgen	**8 Tage**	
Iden (Vollmond), es folgen	**16 Tage**	
Monatslänge (Summe)	**29 Tage**	**31 Tage**

(6) Also wurden der Januar, April, Juni, Sextilis (August), September, November, Dezember zu neunundzwanzig Tagen gerechnet und hatten ihre Nonen am fünften Tag; bei allen aber wurde der Tag nach den Iden als der siebzehnte Tag vor den Kalenden gezählt. (7) Der März hingegen, der Mai, der Quintilis (Juli), Oktober besaßen je einunddreißig Tage... .(Saturnalien 1,13) (Macrobius, 2008 S. 65)

Dabei ist sichergestellt, dass es genau einen Tag gibt, der den Monat teilt, was die Verwendung von Zählhilfen erleichtert. *(17) Uns erscheint folgende Erklärung der Wahrheit zu entsprechen: Wir nennen den Tag, der den Monat teilt, Idus; iduare bedeutet nämlich auf Etruscisch „teilen" ... (Saturnalien 1,15)* (Macrobius, 2008 S. 71).

Die römische Zählweise ist stark gewöhnungsbedürftig, denn Randtage werden oft mehrfach gezählt. (Anmerkung: In der Musik gibt es das gleiche Problem, denn eine Oktav umfasst 8 Töne; zwei Oktaven umfassen aber nur 15 und drei Oktaven nur 22 Töne) Wenn wir die Kalenden des März als ersten Tag zählen, dann liegen die Nonen am siebenten Tag und die Iden am fünfzehnten Tag. Nun folgen (in heutiger Zählweise) sechzehn Tage bis zu den Kalenden des Aprils. Macrobius spricht aber von siebzehn Tagen, weil er den ersten Monatstag, die Kalenden des Aprils mitzählt. Diese Zählweise ist aber traditionell untrennbar mit dem römischen, dem julianischen und gregorianischen Kalender verbunden, wenn das Datum in alter Weise angegeben wird. Um die Verwirrung komplett zu machen, werden die Tage nach den Iden bereits nach dem Folgemonat benannt. Der XVII Kalend Aprilis bezeichnet somit den 16. März und der XVI Kalend Aprilis bezeichnet 17. März. Es folgt der XV Kalend Aprilis, der den 18. März bezeichnet.

Auf den zweiten Blick ist die Bezeichnung aber logisch und korrekt, denn, genau genommen, bedeutet 15 Kal. Aprilis: „Noch 15 Tage bis zum Monatsersten des Monat April".

In vielen Mondkalendern werden die Tage bis zur Monatsmitte aufwärts und anschließend abwärts gezählt. Die Römer bevorzugten aber stets die Abwärtszählung, was im Kapitel „Die römische Zählweise" beschrieben wird. Die Angabe noch 4 Tage bis zum Vollmond oder bis zum Neumond ist in einem Mondkalender durchaus sinnvoll. In einem Sonnenkalender ist die Abwärtszählung dagegen verwirrend. Trotzdem wurde sie im julianischen Kalender weiterverwendet.

Die Gewohnheit die Zeit zwischen dem Monatsanfang und dem Halbmond (zwischen den Kalenden und den Nonen) mit fünf beziehungsweise sieben Tage anzunehmen, hat die julianische Kalenderreform überdauert und sie wird noch heute verwendet, sofern das Datum in alter Form geschrieben wird. Die Regel gilt ohne Ausnahme für alle Monate auch für den Februar.

Die Römer kannten bereits sehr früh einen perfekt durchdachten Mondkalender. Glaubt man den spätantiken Berichten, dann wurde dieser geniale Mondkalender durch den Übereifer einiger Reformer in einen unbrauchbaren Sonnenkalender verwandelt. Der österreichische Astronom Friedrich Karl Ginzel (+1926 in Berlin) sprach sogar von einem „chronologischen Monstrum".

Das chronologische Monstrum

Die griechischen Stadtstaaten verwendeten gemäß der Überlieferung Mondkalender, die durch Schaltmonate an das Sonnenjahr angepasst wurden. Solche Kalender nennt man Lunisolarkalender. Vermutlich gab es unterschiedliche Schaltregeln. Vor allem die Monatsnamen waren gebietsweise unterschiedlich. Die Griechen erkannten schon früh, dass 99 Lunationen fast genau acht Sonnenjahren entsprechen. Man kann die 99 Mondmonate dieser sogenannten Ogdoade (Okteris, Oktaëteris) in zwei vierjährige Perioden mit 50 und 49 Monaten aufteilen. Diesem Mondzyklus verdanken wir noch heute die regelmäßige Abhaltung der Olympiaden.

Die Ogdoade (Oktaëteris) weicht vom Sonnenjahr geringfügig ab.
Ein tropisches Jahr dauert 365,2422 Tage.
Acht Sonnenjahre umfassen daher fast genau **2922 Tage**.
99 synodische Mondmonate dauern 99 * 29,53059 = **2923,53 Tage**

    Weil das (griechische) Mondjahr 354 Tage dauert, fehlen nach 8 Jahren 90 Tage auf das Sonnenjahr. Diese wurden, so schreibt Macrobius, durch drei Schaltmonate mit 30 Tagen ausgeglichen (8 * 354 + 90 = 2922). Leider verschiebt sich bei dieser Festlegung die Mondphase um 1½ Tage, was bereits nach 16 Jahren drei Tage ausmacht. Ein Mondkalender, der mit dem Mondlauf nicht übereinstimmt, ist aber unbrauchbar. Auf längere Zeit mussten die Griechen daher im Mittel 91,53 Tage einschieben. Darauf kommt es hier aber nicht an, weil es um den römischen Kalender geht.

    Macrobius berichtet, dass die Römer nach griechischem Vorbild 90 Tage eingeschoben haben. Das wäre im Prinzip in Ordnung, weil man in Rom angeblich keinen Mondkalender sondern einen Sonnenkalender schaffen wollte. Dabei wurde aber übersehen, dass die von den Römern gewählte Jahreslänge mit 355 Tagen nicht zu den 90 Tagen passt. *Sie vergaßen nämlich den Tag, den sie, wie oben erwähnt, der ungeraden Zahl zu Ehren zur Zählung der Griechen hinzugefügt hatten* (Saturnalien 1,13,11) (Macrobius, 2008 S. 67).

Nahezu unglaublich war aber, dass die Römer die 90 Tage nicht auf drei Schaltmonate zu je 30 Tagen, sondern auf 4 Schaltmonate zu 22 und 23 Tagen aufteilten (22+23+22+23=90). Damit war auch jede temporäre Orientierung am Mond unmöglich geworden.

Der modifizierte Kalender umfasst in acht Jahren 2930 Tage (8 * 355 + 90 = 2930) und daraus folgt eine Jahreslänge von 366,25 Tage. Die Überlänge von einem Tag gegenüber dem Sonnenjahr war dabei allerdings das geringste Problem. Das Hauptproblem war, dass aus Unwissenheit oder Gewinnsucht, die Schaltmonate willkürlich eingefügt oder ausgelassen wurden. *(1) Allerdings gab es eine Zeit, in der aus Aberglauben jegliche Schaltung unterblieb; manchmal erfolgte jedoch durch eine Gefälligkeit der Priester, die für die Steuerpächter die Tage des Jahres mit Absicht vermehren oder vermindern wollten, bald eine Vermehrung der Tage, bald eine Verminderung, und so entstand unter dem Vorwand sorgsamer Beachtung <des Kultes> ein starker Anlaß zur Verwirrung. (Saturnalien 1,14,1)* (Macrobius, 2008 S. 67).

Die Schwierigkeiten waren so groß, dass der Kalender sogar als chronologisches Monstrum bezeichnet wurde. Der österreichische Astronom Friedrich Karl Ginzel (+1926 in Berlin) schrieb ein bis heute unübertroffenes dreibändiges Standardwerk „Handbuch der mathematischen und technischen Chronologie. Das folgende Zitat findet sich im 2.Band: *„Auf diese Weise also, scheint mir, läßt sich der ungefähre Entwicklungsgang während der Königszeit und das Aufkommen des sonderbaren chronologischen Monstrums erklären, das wir zur Zeit der Decemvirn vorfinden und von welchem (im nächsten Paragraph) die Rede sein wird.".* (Ginzel, 1911 S. 241 §179)

Um es nochmals deutlich zu sagen: An der Verwendung der Mondmonate des Numa mit insgesamt 355 Tagen bis zur Kalenderreform des Julius Caesar im Jahr 45. v. Chr. wird von den Historikern nicht gezweifelt. Es gab weiterhin die Kalenden, Nonen und Iden im Kalender. Nunmehr hatten diese Tage aber nichts mehr mit Neumond, Halbmond und Vollmond zu tun, obwohl man sich bis heute noch gut an die ursprüngliche Bedeutung dieser Tage erinnert. Die Römer verwendeten also nach heutigem Wissenstand einen typischen Mondkalender, der aber durch eigenartige Schaltmonate in einen Sonnenkalender umgewandelt wurde. Unklar ist dabei nur, wann die Umwandlung stattgefunden hat. F. K. Ginzel erwähnt die Zeit der Decemvirn (um 450 v. Chr.) Macrobius schreibt, es könnte schon unter Numa geschehen sein oder auch erst Jahrhunderte später, beispielsweise im Jahr 192 v. Chr. (562 a.u.c.).

Der römische Kalender war keinesfalls ein Mondkalender, weil der Schaltmonat mit 22 oder 23 Tagen viel kürzer als ein Mondmonat ist. Bereits nach der ersten Schaltung ging der eindeutige Bezug zu den Mondphasen für immer verloren. Wie der Großteil der Bevölkerung ihr Leben ohne die markanten Phasen des Mondes organisieren konnte, wird nirgends hinterfragt. Der Kalender war auch kein echter Sonnenkalender, denn von einem Sonnenkalender erwartet man, dass die Sonnenwenden und Tagundnachtgleichen zumindest näherungsweise auf das gleiche Datum fallen. Beispielsweise fällt die Wintersonnenwende im gregorianischen Kalender immer ungefähr auf den 21. Dezember (oder den Tag danach). Im „chronologischen Monstrum" verschiebt sich die Wintersonnenwende jährlich aber um mindestens elf Tage in Bezug auf das Kalenderdatum. Es können je nach Lage des Schaltmonats auch 22 Tage sein. Noch bedenklicher erscheint mir, dass das Sternzeichen hinter der Sonne ebenfalls nur sehr indirekt erfasst wird. Für Sterndeuter war es aber stets ein wichtiges Anliegen, die aktuelle Position der Sonne im Tierkreis zur Erstellung von Horoskopen zu kennen. Ein brauchbarer Sonnenkalender muss aus diesem Grund unbedingt in zwölf Monate aufgeteilt werden. Somit verwendeten die Römer durch Jahrhunderte einen Mischkalender, der die Nachteile des Sonnenkalenders (unnatürlicher Monatsbeginn) mit den Nachteilen des Mondkalenders (Schaltmonate) vereinte.

Voltaire spottete im 18. Jahrhundert: *„Die römischen Feldherren siegten immer, aber sie wussten nie, an welchem Tag"* (Lenz, 2005 S. 235).

Durch Jahrhunderte war es üblich, dass sich die Bevölkerung an den Nonen versammelt hat um den Festkalender der folgenden Tage zu erfahren. Um dieses Treffen eindeutig festzulegen, wurden die Nonen an den Kalenden ausgerufen. In „alter" Zeit fielen die Nonen mit dem Halbmond und die Iden mit dem Vollmond zusammen. Somit war es für die Bevölkerung leicht den Termin nicht zu verpassen und das Mondlicht stand noch lange nach Sonnenuntergang zur Verfügung. Es war somit auch möglich mit Hilfe des Mondes, die an den Nonen verkündeten Termine zu memorieren. Auf die zeiteinteilende Kraft der Mondphasen konnte bis vor wenigen Jahrhunderten kaum jemand verzichten. Den Römern scheint dies aber gelungen zu sein.

Obwohl der römische Kalender die eindeutige Struktur eines Mondkalenders besaß, wurde auf den Mond keine Rücksicht genommen. Die Kalenden, Nonen und Iden wurden aber weiterhin beachtet und (mit oder ohne Mondlicht) hat die Frau des Opferkönigs weiterhin an den Kalenden der Mondgöttin ein Schwein oder ein Lamm geopfert.

Es wäre denkbar, dass spätere Geschichtsschreiber mondbezogenen historischen Daten nachträglich das Schema des Sonnenkalenders übergestülpt haben, um mehr Ordnung in historische Abläufe zu bringen. In der offiziellen Geschichtsschreibung wird an der Existenz des chronologischen Monstrums aber nicht gezweifelt.

Der Kalender von Antium

Numa hat den Kalender des Romulus modifiziert und einen Kalender mit 355 Tagen geschaffen. Obwohl der König Numa dem Grenzgebiet zwischen Sage und Realität angehört, hat zumindest der nach ihm benannte Kalender tatsächlich existiert. Im Jahr 1915 wurde in Anzio (röm. Antium) nahe Rom ein gemalter Wandkalender entdeckt, der genau die Struktur dieses Kalenders aufweist. Der Wandkalender wird auf die Zeit zwischen 67 v. Chr. und 55 v. Chr. datiert und wurde als Fasti Antiates maiores berühmt.

Jan	Feb	Mar	Apr	Mai	Jun	Jul	Aug	Sep	Okt	Nov	Dez	Int
29	28	31	29	31	29	31	29	29	31	29	29	27

Der Februar enthält 28 Tage und die Jahreslänge umfasst 355 Tage. Auch die übrigen Monatslängen stimmen überein. Zusätzlich gibt es einen Monat „Intercalaris" (Zwischengerufener) mit 27 Tagen. Leider sind von dem Kalender nur wenige Fragmente erhalten. Die vor allem im Hinblick auf den weitgehend zerstörten Monat Intercalaris doch sehr gewagte Rekonstruktion ist eine wissenschaftliche Meisterleistung.

Der Kalender enthält explizit die Nonen (NON) und die Iden (EIDUS). Die Nonen bezeichneten zur Zeit des Numa den Halbmond und die Iden den Vollmond. Zwischen Nonen und Iden liegen stets 8 Tage, wenn man die Iden mitzählt. Die von Macrobius erwähnten Schaltmonate mit 22 und 23 Tagen sind auf dem Kalenderbild nicht zu erkennen. Der Schaltmonat Intercalaris enthält 27 Tage.

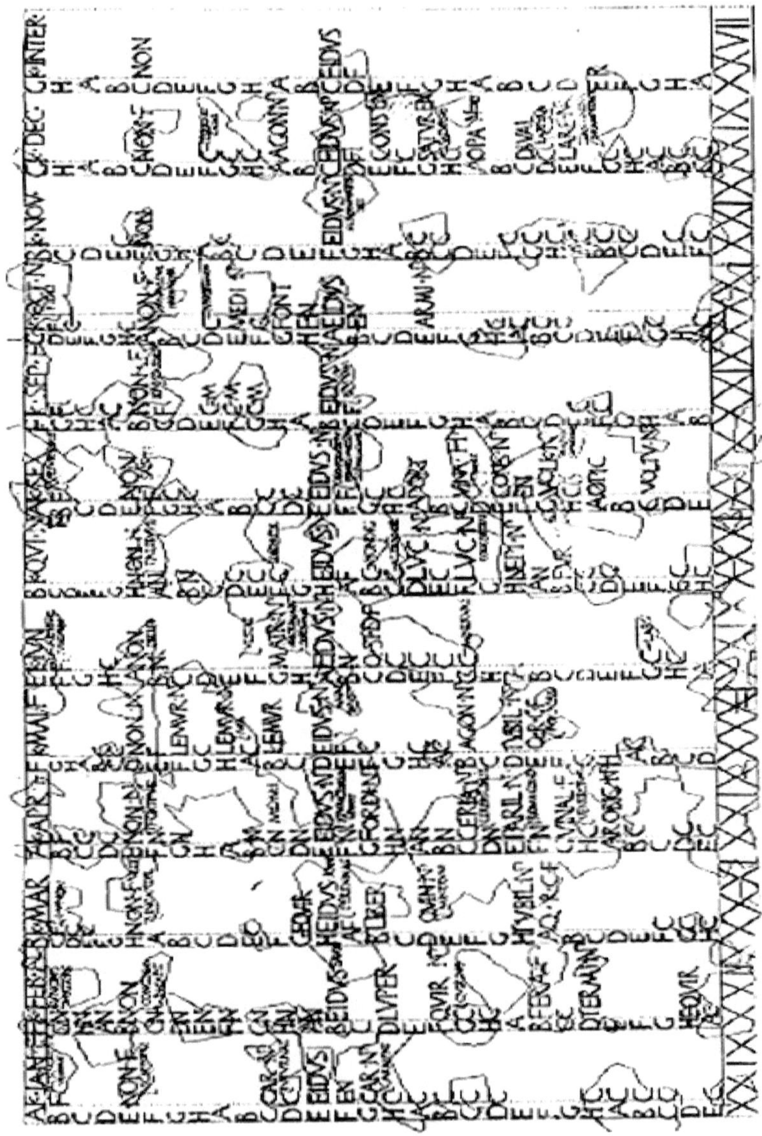

Abbildung 1: Die Fasti Antiates maiores (Quelle: Wikipedia)

	JAN	FEB	MAR	APR	MAI	JUN	QVI	SEX	SEP	OCT	NOV	DEC	INTE
1	A	F	B	A	F	E	B	A	F	C	B	G	G
2	B	G	C	B	G	F	C	B	G	D	C	H	H
3	C	H	D	C	H	G	D	C	H	E	D	A	A
4	D	A	E	D	A	H	E	D	A	F	E	B	B
5	ENON	BNON	F	ENON	B	ANON	F	ENON	BNON	G	FNON	CNON	CNON
6	F	C	G	F	C	B	G	F	C	H	G	D	D
7	G	D	HNON	G	DNON	C	HNON	G	D	ANON	H	E	E
8	H	E	A	H	E	D	A	H	E	B	A	F	F
9	A	F	B	A	F	E	B	A	F	C	B	G	G
10	B	G	C	B	G	F	C	B	G	D	C	H	H
11	C	H	D	C	H	G	D	C	H	E	D	A	A
12	D	A	E	D	A	H	E	D	A	F	E	B	B
13	EEID	BEID	F	EEID	B	AEID	F	EEID	BEID	G	FEID	CEID	CEID
14	F	C	G	F	C	B	G	F	C	H	G	D	D
15	G	D	HEID	G	DEID	C	HEID	G	D	AEID	H	E	E
16	H	E	A	H	E	D	A	H	E	B	A	F	F
17	A	F	B	A	F	E	B	A	F	C	B	G	G
18	B	G	C	B	G	F	C	B	G	D	C	H	H
19	C	H	D	C	H	G	D	C	H	E	D	A	A
20	D	A	E	D	A	H	E	D	A	F	E	B	B
21	E	B	F	E	B	A	F	E	B	G	F	C	C
22	F	C	G	F	C	B	G	F	C	H	G	D	D
23	G	D	H	G	D	C	H	G	D	A	H	E	E
24	H	E	A	H	E	D	A	H	E	B	A	F	F
25	A	F	B	A	F	E	B	A	F	C	B	G	G
26	B	G	C	B	G	F	C	B	G	D	C	H	H
27	C	H	D	C	H	G	D	C	H	E	D	A	A
28	D	A	E	D	A	H	E	D	A	F	E	B	
29	E		F	E	B	A	F	E	B	G	F	C	
30			G		C		G			H			
31			H		D		H			A			
	29	28	31	29	31	29	31	29	29	31	29	29	27

Abb. 1a Die Tagesbuchstaben, die Nonen und Iden (Eidus)

Wie haben die Römer einen Monat mit 27 Tagen in einen Monat mit 22 oder 23 Tagen verwandelt?

Die von den Römern (nach Meinung der Historiker) praktizierte Methode ist gewöhnungsbedürftig und einzigartig in der Chronologie. Angenommen die Römer wollten einen Extramonat mit 23 Tagen einschieben. In diesem Fall wurde der Februar nach 23 Tagen abgebrochen und der Februar nochmals mit 28 Tagen gestartet. Falls man aber nur 22 Tage einschieben wollte, dann wurde der Februar ebenfalls am 23. Monatstag beendet und der Monat Intercalaris (der gekürzte Februar) mit 27 Tagen gestartet.

TH. Mommsen vermutet, dass der Schaltmonat immer 27 Tage hatte und abwechselnd nach dem 23. oder 24. Februar gestartet wurde. (Ginzel, 1911 S. 244 §180). Somit ergibt sich beispielsweise folgende Rechnung für den Schaltmonat mit 22 Tagen: Gekürzter Februar mit 23 Tagen plus Schaltmonat mit 27 Tagen ergibt eine Summe von 50 Tagen. 50 Tage entsprechen einer Verlängerung des Februars um 22 Tage, denn 50 ist die Summe aus 22 und 28 (was der Länge des Februars entspricht).

Die Römer haben offensichtlich viel Gedankenarbeit in dieses raffinierte Verfahren investiert. Zusammenfassend ergibt sich:

Erste Besonderheit: Es sollen in acht Jahren 90 Tage in den Mondkalender eingefügt werden. Die Griechen verwenden dazu drei Schaltmonate zu je 30 Tagen. Die Römer verwenden vier Schaltmonate mit 22 und 23 Tagen (22+23+22+23=90).

Zweite Besonderheit: Um die 22 oder 23 Tage zu erhalten, verwenden die Römer Schaltmonate mit 27 und 28 Tagen und unterbrechen diese jeweils am 23. oder 24. Monatstag, um danach den Schaltmonat neu zu starten.

Dritte Besonderheit: Alle 24 Jahre muss eine Schaltung ausgelassen werden, denn der Kalender kann in dieser Form nicht funktionieren, weil er 355 statt 354 Tage umfasst. *(13) Als man endlich auch diesen Irrtum erkannte, wurde folgende Art der Korrektur* *vorgenommen: Man fügte nach jeweils dreimal acht Jahren, nicht 90 sondern nur 66 Schalttage ein, um den Überschuss von 24 Tagen auszugleichen, der durch die in ebenso vielen Jahren zum griechischen Kalender hinzugefügten Tage entstanden war.* (Saturnalien 1,13,13) (Macrobius, 2008 S. 66).

Nun versteht man gut, warum F. K. Ginzel diesen Kalender als „chronologisches Monstrum" bezeichnet. Anstatt einfach die Jahreslänge um einen Tag zu kürzen, wurde nach jeweils (3*8=) 24 Jahren! eine Schaltung ausgelassen. Dabei muss man sich fragen, welchen Sinn hat ein Sonnenkalender, der nicht geeignet ist, die Sonnenwenden und Tagundnachtgleichen anzuzeigen? Den Sonnenlauf im Tierkreis zu verfolgen ist praktisch unmöglich.

Die Festtage in einem Mondkalender werden selbstverständlich in Abstimmung mit den Mondphasen gewählt, damit beispielsweise nach dem Fest das Mondlicht für den Heimweg zur Verfügung steht. Weil die Schaltmonate lange Zeit willkürlich eingeschoben wurden, gab es im Extremfall keinerlei Bezug zu den Jahreszeiten. Der Fehler ist so groß, dass der Sonnenkalender auch bei korrekter Verwendung für den Landwirt bei Aussaat und Ernte kaum mehr Hilfestellung als ein Mondkalender bietet.

Zudem wurde, wie wir von Macrobius erfahren haben, der Kalender nicht ordentlich gewartet. Die Folge war, dass Frühlingsfeste manchmal im Herbst stattfanden und umgekehrt Erntedankfeste bereits im Frühjahr abgehalten wurden. Weil der Kalender auch für die Verwaltung und die Kriegsführung eine große Bedeutung hatte, darf es nicht wundern, dass er nicht nur in Rom, sondern im gesamten römischen Reich für Verwirrung gesorgt hat.

Es fällt mir allerdings schwer zu glauben, dass die Römer durch 400 Jahre einen so komplizierten Kalender verwendet haben ohne die Kalenderregeln zu hinterfragen und zu vereinfachen.

Wie ist es zu erklären, dass sich im Wandkalender von Antium keine Hinweise auf die Schaltmonate mit 22 und 23 Tagen finden? Der wenige Jahre vor der julianischen Reform gemalte Kalender entspricht dem Mondkalender des Numa Pompilius. Der Februar enthält 28 Tage und es gibt zusätzlich den Monat Intercalaris, der 27 Tage aufweist. Die 27 Tage des Monat Intercalaris wurden sicher nicht erfunden, um mit Hilfe eines raffinierten Schrumpfungsprozesses 22 oder 23 Tage als Schaltmonat in den Kalender einfügen zu können. Nur in einem 355-Tage-Mondkalender macht es Sinn einen Schaltmonat mit 27 Tagen zu verwenden (siehe Kapitel „Das Mondjahr mit 355 Tagen").

Plinius d. Ältere beschreibt die Sonne als männliches und den Mond als weibliches Gestirn (Plinius, 2007 S. 188). Könnte es sein, dass Geschichtsschreiber a posteriori den etablierten (weiblichen) Mondkalender durch einen (männlichen) Sonnenkalender ersetzt haben, einfach weil ihnen die (weibliche) Mondordnung suspekt erschienen ist?

Ich halte es weiter für möglich, dass erst spätere Geschichtsschreiber und Kopisten versucht haben, ursprünglich mondbezogene Daten einem künstlichen Schema zuzuordnen, ganz einfach um Ordnung in die zeitlichen Abläufe zu bringen. Historiker sind allerdings von der Existenz des verdorbenen Sonnenkalenders so fest überzeugt, dass Zweifel daran nicht angebracht erscheinen.

Wenn man auch nicht mehr mit Sicherheit feststellen kann, wie die Fasti Antiates maiores tatsächlich verwendet wurden, die Ähnlichkeit mit dem modernen Kalender ist unverkennbar. Es genügt 10 Tage an geeigneter Stelle anzufügen um vom Kalender des Numa zum julianischen Kalender zu gelangen. Die Form des alten Numanischen Mondkalenders ist somit noch immer in der Struktur unseres modernen Kalenders zu erkennen (unabhängig davon, ob Numa Pompilius existiert hat oder nicht).

Der julianische Kalender

Vom Mondkalender zum julianischen Kalender

Der julianische Kalender besitzt eine eigenartige Aufteilung der Monatslängen. Sieben Monate haben 31 Tage, 4 Monate haben 30 Tage und der Februar hat 28 Tage. Daran hat auch die gregorianische Reform im Jahr 1582 nichts geändert. Die Grundstruktur unseres Kalenders stammt aus einem Mondkalender, der um 700 v. Chr. von Numa Pompilius geschaffen wurde. Diesen Mondkalender hat Julius Caesar in seiner ursprünglichen Form verwendet und daraus einen Sonnenkalender geschaffen, der seit der Antike bis heute unverändert geblieben ist.

Historiker vermuten, dass schon um 450 v. Chr. der Mondkalender des Numa Pompilius in einen Sonnenkalender umgewandelt wurde. Die Kalenderreform der sogenannten Decemvirn sah vor, innerhalb von vier Jahren einen Schaltmonat mit 22 und einen Schaltmonat mit 23 Tagen einzuschieben. Im Mittel ergibt dies eine Verlängerung des Mondjahres um 11 ¼ Tage pro Jahr und eine Jahreslänge von (355+ 11 ¼ =) 366 ¼ Tagen. Julius Caesar hat später richtig erkannt, dass es genügt nur 10 ¼ Tage pro Jahr einzuschieben. Die Kalenderreform der Decemvirn ist aber nicht an den 366 ¼ Tagen gescheitert, sondern an den Schaltmonaten. Durch Aberglauben, Unvermögen oder Korruption wurden Schaltungen willkürlich vorgenommen oder ausgelassen. Der Kalender war dadurch weder als Sonnenkalender noch als Mondkalender brauchbar.

Es ist allerdings schwer verständlich, dass sich der Mondkalender in der von Numa geschaffenen Form zunächst durch 300 Jahre als Mondkalender und ab 452 v. Chr. durch weitere 400 Jahre als durch die Jahreszeiten vagabundierendes Kalendermonstrum unverändert erhalten konnte.

Das „letzte Jahr der Verwirrung" wurde von Caesar auf 445 Tage verlängert und ab dem Jahr 45 v. Chr. trat der neue Kalender in Kraft. (Anmerkung: 445 Tage entsprechen fast genau 15 Mondmonaten und am 2. Januar 45 v. Chr. war Neumond; zwei bemerkenswerte Zufälle.)

Es gilt heute als historische Tatsache: Wir verwenden einen Mondkalender, der um 700 v. Chr. geschaffen wurde und der im Jahr 45 v.Chr. durch den Einschub von 10 Tagen, verteilt auf 7 Monate, in einen Sonnenkalender verwandelt wurde. Julius Caesar hat die Tage möglichst gleichmäßig auf die einzelnen Monate aufgeteilt und war damit auf Anhieb erfolgreich, denn die Struktur des Kalenders wurde seither nicht mehr geändert.

Es war für Caesar nicht schwierig den alten Mondkalender zu adaptieren: Zunächst verlängert er alle Monate mit 29 Tagen um jeweils einen Tag.

Jan	Feb	Mar	Apr	Mai	Jun	Jul	Aug	Sep	Okt	Nov	Dez	Σ
29	28	31	29	31	29	31	29	29	31	29	29	355
+1			+1		+1		+1	+1		+1	+1	
30	28	31	30	31	30	31	30	30	31	30	30	362

Nun fehlen noch 3 Tage auf das Sonnenjahr. Wenn man vermeiden will, dass drei Monate mit 31 Tagen aufeinanderfolgen, dann gibt es nur wenige Monate, die für eine Verlängerung in Frage kommen. Julius Caesar hat sich für die Monate Januar, August (Sextilis) und Dezember entschieden und den Februar nicht angetastet.

Jan	Feb	Mar	Apr	Mai	Jun	Jul	Aug	Sep	Okt	Nov	Dez	Σ
30	28	31	30	31	30	31	30	30	31	30	30	362
+1							+1				+1	
31	28	31	30	31	30	31	31	30	31	30	31	365

Rein formal verwenden wir daher heute die Struktur eines Mondkalenders, der durch zehn eingeschobene Tage gestreckt wurde. Nach mehr als 2000 Jahren haben wir uns an die eigenartigen Monatslängen des julianischen Kalenders gewöhnt.

Bereits Macrobius berichtet, dass der Sextilis (August) die 31 Tage bereits von Julius Caesar erhalten hat. Es ist daher falsch, dass der August 31 Tage zu Ehren von Augustus erhalten hat. Diese Behauptung stammt aus 13. Jahrhundert und wird noch immer unreflektiert wiederholt.

Der Reinigungsmonat Februar

Die kurze Länge des Februars wurde von Caesar überraschenderweise beibehalten. *(7) Die zehn Tage nun, die er, wie berichtet, hinzufügte, verteilte er in folgender Anordnung: Dem Januar, dem Sextilis und dem Dezember fügte er je zwei Tage ein, dem April hingegen, dem Juni, September und November je einen. Dem Februar jedoch gab er keinen Tag, um nicht den Kult der Unterweltsgötter zu stören; dem März, Mai, Quintilis, Oktober erhielt er ihren alten Zustand., weil sie schon genug Tage hatten, nämlich einunddreißig.(Saturnalien 1,14) (Macrobius, 2008 S. 68)* (Macrobius schreibt wörtlich: *sed neque mensi Februario addidit diem, ne deum inferum religio inmutaretur.*)

Julius Caesar hat einen Mondkalender mit geringem Aufwand zu einem Sonnenkalender gestreckt. Noch einfacher wäre es gewesen, den Februar zu verlängern und man muss sich wundern, dass Caesar nach Jahren der Verwirrung auf einmal „den Kult der Unterweltsgötter" nicht stören will. Durch Jahrhunderte ist der „Reinigungsmonat" Februar (februa lat. Reinigungsmittel) willkürlich durch die Jahreszeiten gewandert und wurde durch Schaltmonate in ungleiche Teile geteilt. Somit gab es durch Jahrhunderte beim „Kult der Unterweltsgötter" weder einen festen Bezug zu den Jahreszeiten noch zu den Mondphasen.

Es erscheint fast unglaublich, dass sich der „alte Kult" trotz aller Widrigkeiten erhalten hat und dass Caesar darauf Rücksicht nimmt.

Vielleicht war es ja die „große Göttin", die im Februar gereinigt wurde, damit sie ihre Jungfernschaft und die Natur ihre Fruchtbarkeit zurückerhält. Im alten Mondkalender erscheint (abhängig vom Schaltmonat) an den Iden des Februars der Vollmond im Löwen und es folgt, eine Lunation später, an den Iden des März, der Vollmond in der Jungfrau. Damit ist die Reinigung der Göttin abgeschlossen. Das Sternbild Jungfrau wird oft mit Persephone assoziiert, die um diese Zeit aus der Unterwelt zurückkehrt um die Erde „zum Blühen" zu bringen.

Ursprünglich war die Reinigung dem Winterende zugeordnet. Im Februar wurden Fruchtbarkeitsrituale abgehalten. Am 14. Februar wurden die *„Geschlechtsreiferituale zur ersten Menstruation von Mädchen abgehalten sowie nach erlangter Reife Ehen geschlossen"* (www.heiligenlexikon.de/BiographienV/Valentin_von_Rom.html). (Leider war es mir nicht möglich dieses im Internet oft verwendete Zitat einer mittelalterlichen Quelle zuzuordnen).

Besonders wichtig waren die Lupercalien: Das Lupercal war eine Höhle am Palatin, wo Romulus und Remus gesäugt wurden. *Diese Stätte war das Zentrum der am 15. Februar gefeierten Lupercalia, eines Festes, an dem unter anderen junge Männer in Bocksfellschurzen junge Matronen mit Riemen aus Bockshaut schlugen, um ihnen magische Fruchtbarkeit zu vermitteln. Der Gürtel hieß Junogürtel (amiculum Iuonis) und der Ritus soll durch die Göttin selbst angeordnet worden sein und zwar durch Juno Lucina von ihrem Hain am Esquilin aus (Ovid, fasti 2, 440 ff) In Rom wie in Byzanz wurde er noch im frühen Mittelalter begangen.*(Simon, 1990 S. 94). Geheimnisvolle weibliche Riten zu stören ist gefährlich und so hat Julius Caesar wie Numa auch bei der Kalenderreform die 28 Tage des Reinigungsmonats nicht angetastet.

Wahrscheinlich war es auch von Bedeutung, dass der mittlere Menstruationszyklus der Frau 28 Tage beträgt. Auch Ärzte und Hebammen verwenden Schwangerschaftsmonate mit 28 Tagen.

Ein Wochenkalender mit 13 Monaten zu je (4*7=) 28 Tagen erreicht mit nur einem Zusatztag die Länge eines Gemeinjahres (13*28+1=365). Dieser Kalender wird, beispielsweise von Barbara J. Walker, Menstruationskalender genannt (Walker, 1995 S. 709). Solche Wochenkalender waren weiter verbreitet als heute angenommen wird (Ranke-Graves, 1960 S. 14) Wenn man die Woche wie üblich mit dem Sonntag beginnt, dann gibt es in jedem Monat einen Freitag den Dreizehnten. (Dreizehnmal pro Jahr!) Möglicherweise wurde der Freitag, der Dreizehnte deshalb zum Unglückstag erklärt, um die Verwendung solcher Kalender einzudämmen und ihre Wiedereinführung zu verhindern (Glaninger, 2017 S. 31f).

Die römische Zählweise

Ursprünglich bezeichneten die Nonen den Halbmond, die Iden den Vollmond und die Kalenden die Neumondtage. Dass man bereits um 450 v. Chr. den Mondkalender abschafft, aber im 18. Jahrhundert dem Namen nach immer noch nach Mondphasen datiert, das finde ich bemerkenswert. Auch hier zeigt sich deutlich in welch hohem Maße der Mondkalender die Zählweise bis in die jüngste Zeit geprägt hat.

Macrobius schreibt dazu: *(12) Der mindere Priester nun verkündete die Zahl der Tage, die bis zu den Nonen noch übrig waren; er rief aber laut, weil das Landvolk an den Nonen nach dem Neumond in der Stadt zusammenkommen musste, um die Ursachen der Feiertage vom Opferkönig zu vernehmen und zu erfahren, was in diesem Monat zu tun sei. (13) Manche meinen deshalb, die Nonen seien so benannt, weil sie den Anfang einer neuen Ordnung [novae...observationis] bezeichnen, oder weil von diesem Tag an stets neun Tage bis zu den Iden gezählt werden. (Saturnalien, 1,15)* (Macrobius, 2008 S. 71) Die Nonen (die Neuen) waren also der Versammlungstag und de facto Monatsanfang des Volkes. Der Tag nach den Nonen des März wurde als „Tag 8 vor den Iden des März" bezeichnet und in der Folge bis zum Vollmond (den Iden) herunter gezählt. Zwischen den Nonen und den Iden lagen also neun Tage, wenn man sowohl die Nonen als auch die Iden mitzählt. Die Zählweise der neun Tage galt für alle Monate und auch für den Februar. Zwischen Nonen und Iden stand das Mondlicht nach Sonnenuntergang noch längere Zeit zur Verfügung, was für öffentliche Versammlungen aller Art von Vorteil war.

Nach den Iden wurden die Tage bis zum Neumond monoton abwärts gezählt. Im Mondkalender konnte man gleichzeitig das Abnehmen des Mondes beobachten und mit der Zählung vergleichen. Im Sonnenkalender war die Abwärtszählung unpraktisch und verwirrend, weil der Mond keine Hilfestellung mehr bieten konnte. Trotzdem wurde die eigenartige Abwärtszählung bis in 18. Jahrhundert (beispielsweise auf Grabsteinen) verwendet und hat sich teilweise bis heute erhalten.

Man sollte annehmen, dass es kein Problem sein kann, einen Monat um ein oder zwei Tage zu verlängern. Beim Februar wird dies alle vier Jahre gemacht. Bei der römischen Zählweise ergaben sich aber ungeahnte Schwierigkeiten. Und wieder war der Grund eine besondere Rücksichtnahme auf die alte Struktur des Mondkalenders.

Selbstverständlich wäre zu erwarten gewesen, dass in den drei verlängerten Monaten (Januar, August und Dezember) die Nonen auf den 7. Tag fallen, wie es in den alten Monaten mit 31 Tagen der Brauch war. Doch man belässt die Nonen am 5. Tag (!). Die fehlenden Tage werden nach den Iden eingeschoben. Damit gibt es vier (oder sogar fünf) unterschiedliche Zählweisen im Jahreslauf:

	Januar	Februar	Februar	April	März	Zählweise am
	August			Juni	Mai	Beispiel März
	Dezem.			Sept.	Juli	Deutsche Langform
				Nov.	Okt.	
1	**Kalend**	**Kalend**	**Kalend**	**Kalend**	**Kalend**	Die Kalenden des März
2	IV	IV	IV	IV	VI	Tag 6 v.d. Nonen des März
3	III	III	III	III	V	Tag 5 v.d. Nonen des März
4	**Pridie**	**Pridie**	**Pridie**	**Pridie**	IV	Tag 4 v.d. Nonen des März
5	**Nonis**	**Nonis**	**Nonis**	**Nonis**	III	Tag 3 v.d. Nonen des März
6	VIII	VIII	VIII	VIII	**Pridie**	Tag v.d. Nonen des März
7	VII	VII	VII	VII	**Nonis**	Die Nonen des März
8	VI	VI	VI	VI	VIII	Tag 8vor den Iden des März
9	V	V	V	V	VII	Tag 7vor den Iden des März
10	IV	IV	IV	IV	VI	Tag 6vor den Iden des März
11	III	III	III	III	V	Tag 5vor den Iden des März
12	**Pridie**	**Pridie**	**Pridie**	**Pridie**	IV	Tag 4vor den Iden des März
13	**Idibus**	**Idibus**	**Idibus**	**Idibus**	III	Tag 3vor den Iden des März
14	**XIX**	XVI	XVI	**XVIII**	**Pridie**	Tag vor den Iden des März
15	**XVIII**	XV	XV	XVII	**Idibus**	Die Iden des März
16	XVII	XIV	XIV	XVI	XVII	Tag 17 v.d. Kal. des April
17	XVI	XIII	XIII	XV	XVI	Tag 16 vor den Kalenden
18	XV	XII	XII	XIV	XV	des April
19	XIV	XI	XI	XIII	XIV	...
20	XIII	X	X	XII	XIII	...
21	XII	IX	IX	XI	XII	...
22	XI	VIII	VIII	X	XI	...
23	X	VII	VII	IX	X	...
24	IX	VI	VI	VIII	IX	...
25	VIII	V	VI*	VII	VIII	...
26	VII	IV	V	VI	VII	...
27	VI	III	IV	V	VI	...
28	V	**Pridie**	III	IV	V	...
29	IV		**Pridie**	III	IV	Tag 4 v.d.Kal. des April
30	III			**Pridie**	III	Tag 3 v.d.Kal. des April
31	**Pridie**				**Pridie**	Tag vor den Kal. des April

Tabelle T1 Die römische Zählweise der Monatstage, die in besonderen Fällen noch heute verwendet wird.

Im März, Mai, Juli und Oktober werden im julianischen Kalender (wie schon unter Numa) 17 Tage abwärts gezählt. Im Januar, August und Dezember werden 19 Tage abwärts gezählt, obwohl auch diese Monate 31 Tage enthalten. Dafür ist die Kalenderreform des Julius Caesar verantwortlich.

Im April, Juni, September und November werden nach den Iden 18 Tage abwärts gezählt Im Februar werden 16 Tage abwärts gezählt. Überraschenderweise werden auch in Schaltjahren nur 16 Tage abwärts gezählt. Der Grund ist, dass der 6. Tag vor den Kalenden des März doppel gezählt wird. Daher wird er bissextil (Zweimalsechster) genannt.

Macrobius schreibt in diesem Zusammenhang: *(9) Doch wollte Caesar die Tage nicht gleich nach den Iden einschieben, um nicht die Ansage irgendwelcher Feiertage zu stören; nein, er schuf erst nach Ablauf der Feiertage eines jeden Monats Platz für die hinzukommenden Tage.*(Saturnalien 1,14) (Macrobius, 2008 S. 68). Wie Julius Caesar dieses Problem genau gelöst hat, ist mir nicht bekannt. Offensichtlich hätte man den 25. Dezember vor der julianischen Reform als „Tag VI vor den Kalenden des Januars" bezeichnet. Nach der Kalenderreform wurde der Tag als „Tag VIII vor den Kalenden des Januars" bezeichnet. Rein formal wurden die Zusatztage also unmittelbar nach den Iden eingeschoben.

In einem Mondkalender ist es durchaus sinnvoll und empfehlenswert die Tage abwärts zu zählen. Aus der Form des zu- oder abnehmenden Mondes konnte man relativ leicht die Richtigkeit der Zählung abschätzen. Es genügt, wenn ein Priester am Monatsanfang das Neulicht beobachtet und danach verkündet: „Noch fünf (oder sieben) Tage bis zum Halbmond". Der folgende Tag wurde „Tag 4 (oder Tag 6) vor den Nonen" genannt und dann weiter abwärts gezählt, bis der Halbmond am Himmel erschien.

Die Dreiteilung des Mondmonats war sinnvoll und praktisch. An den Kalenden wurde die Monatslänge ausgerufen. Zwischen den Nonen und den Iden stand nach Sonnenuntergang ausreichendes Mondlicht für

Versammlungen aller Art zur Verfügung. Der dritte Teil des Monats eignete sich für Arbeiten in der Landwirtschaft, denn das Mondlicht steht bereits vor Sonnenaufgang zur Verfügung (Glaninger, 2016 S. 21f).

Bereits seit 450 v. Chr. bezeichnen die Iden nicht mehr den Vollmond und Caesar, der im Jahr 44. v. Chr. an den Iden des März durch Mörderhand starb, wurde erst elf Tage nach dem Vollmond ermordet. Zumindest die Symbolik des Vollmondes hat sich im Todesdatum erhalten.

Abbildung 2: Gedenktafel aus der Antonius Basilika in Padua vom 29. Dezember 1749 (Photo Glaninger)

Die Abbildung 2 enthält das Datum „QUARTO KALEND. JAN. MDCCXLIX". Das entspricht dem 29. Dezember 1749. Die Jahreszahl gilt nur unter der Voraussetzung, dass der Jahreswechsel am 1. Januar stattgefunden hat. Davon ist aber im Jahr 1749 in Italien auszugehen.

Es ist bemerkenswert, dass man die Dreiteilung des Monats und die Abwärtszählung im Sonnenkalender beibehalten hat. Weiter ist auffallend, dass man sich nach mehr als 2000 Jahren immer noch an die ursprüngliche Bedeutung von Kalenden, Nonen und Iden erinnert.

Die Goldenen Zahlen

Der Kalender der Königin Liutgard

Heute bestimmt der Kalender in hohem Maß unser Leben. Dabei wird es uns kaum bewusst, dass wir beim Kalender vollständig auf externe Hilfe angewiesen sind. Auch einem sorgfältig geführten Abreißkalender ist nicht immer zu trauen. Wenn wir einen Brief schreiben oder ein Dokument unterzeichnen, dann vergewissern wir uns zuerst, ob wir das richtige Datum kennen. Meist genügt ein Blick auf die Armbanduhr. Es gibt aber auch unzählige elektronische Geräte die das Datum anzeigen. Dazu gehören Mobiltelefone, Computer, Radios, Fernsehapparate und sogar Zimmerthermometer.

Zweifellos ist die korrekte Führung des julianischen Kalenders mit einem hohen Aufwand verbunden. Welche Möglichkeiten hatte ein Verwaltungsbeamter in der Antike oder im Mittelalter um das „richtige" Datum im julianischen Kalender festzustellen? Viel mehr, als einen anderen Verwaltungsbeamten fragen, konnte er nicht tun. Ich nehme an, dass die römischen Soldaten in den Provinzen das aktuelle Datum nicht kannten und es auch nicht erfragen konnten. Daher vermute ich, dass der julianische Kalender außerhalb Roms praktisch unbekannt war.

Die Situation verbesserte sich aber schlagartig als die Neumonde in Form der Goldenen Zahlen in die Kalenderblätter eingetragen wurden, denn nun konnte man aus der Mondphase das Datum im Sonnenkalender bestimmen. Im Prinzip können wir das Datum auch heute einfach und relativ genau auf diese Weise ermitteln, denn alle modernen Kalender geben den Neumond, den Vollmond und die beiden Halbmonde an. Der Gedanke scheint aber absurd, denn jeder kennt heute das Datum und nur wenige beobachteten den Mond. Für unsere Vorfahren war das aber genau umgekehrt. Sie waren mit den Mondphasen bestens vertraut, kannten aber kaum den julianischen Kalender,.

Extrem aufwendig war der Mondzykluskalender der Königin Liutgard gestaltet. Für jeden Tag des 19jährigen Zyklus wurde das Mondalter angegeben.

	Dez	Jan	Feb	Mar	Apr	Mai	Jun	Jul	Aug	Sep	Okt	Nov	Dez	
1		9	10	9	10	11	12	13	14	16	16	18	18	1
2		10	11	10	11	12	13	14	15	17	17	19	19	2
3		11	12	11	12	13	14	15	16	18	18	20	20	3
4		12	13	12	13	14	15	16	17	19	19	21	21	4
5		13	14	13	14	15	16	17	18	20	20	22	22	5
6		14	15	14	15	16	17	18	19	21	21	23	23	6
7		15	16	15	16	17	18	19	20	22	22	24	24	7
8		16	17	16	17	18	19	20	21	23	23	25	25	8
9		17	18	17	18	19	20	21	22	24	24	26	26	9
10		18	19	18	19	20	21	22	23	25	25	27	27	10
11		19	20	19	20	21	22	23	24	26	26	28	28	11
12		20	21	20	21	22	23	24	25	27	27	29	29	12
13		21	22	21	22	23	24	25	26	28	28	30	1	13
14		22	23	22	23	24	25	26	27	29	29	1	2	14
15		23	24	23	24	25	26	27	28	30	1	2	3	15
16		24	25	24	25	26	27	28	29	1	2	3	4	16
17		25	26	25	26	27	28	29	1	2	3	4	5	17
18		26	27	26	27	28	29	30	2	3	4	5	6	18
19		27	28	27	28	29	1	1	3	4	5	6	7	19
20		28	29	28	29	30	2	2	4	5	6	7	8	20
21		29	1	29	1	1	3	3	5	6	7	8	9	21
22		30	2	30	2	2	4	4	6	7	8	9	10	22
23		1	3	1	3	3	5	5	7	8	9	10	11	23
24	1	2	4	2	4	4	6	6	8	9	10	11	12	24
25	2	3	5	3	5	5	7	7	9	10	11	12	13	25
26	3	4	6	4	6	6	8	8	10	11	12	13	14	26
27	4	5	7	5	7	7	9	9	11	12	13	14	15	27
28	5	6	8	6	8	8	10	10	12	13	14	15	16	28
29	6	7		7	9	9	11	11	13	14	15	16	17	29
30	7	8		8	10	10	12	12	14	15	16	17	18	30
31	8	9		9		11		13	15		17		19	31

Tabelle T2 Die Mondmonate des Jahres 798. Die Zahlen geben das Mondalter für jeden Tag an. Die Neumonde sind schwarz unterlegt.

Dem Kalender der Königin Liutgard kann das Anfangsjahr 798 zugeordnet werden. Weil 798 durch 19 teilbar ist (42*19=798), ist diesem Jahr die Goldene Zahl I zugeordnet.

Die Tabelle T2 beginnt mit dem 24. Dezember 797, weil damals der Jahreswechsel an Weihnachten stattfand. Die dunklen Felder enthalten die Neumonde. Der vollständige Kalender der Königin Liutgard für alle 19 Jahre des Meton-Zyklus findet sich bei Kerstin Springsfeld (Springsfeld, 2000 S. 401ff). Weil das Jahr 1064 der Goldenen Zahl I zugeordnet ist und sich die Neumonde im Lauf der Zeit nur wenig verschieben, kann man die Tabelle T2 durchaus noch im Jahr 1064 verwenden.

Die genauen Zeitpunkte der Neumonde (UT) des Jahres 798 sind in der folgenden Tabelle angegeben. Weil der Tagesbeginn im Mittelalter nicht eindeutig definiert war -meist war es der Sonnenuntergang-, darf man keine perfekte Übereinstimmung erwarten. Die Übereinstimmung mit der Tabelle T1 ist aber trotzdem sehr gut.

Neumonde des Jahres 798		**(incl. Dez. 797)**	Dez 23 2:17
Jan 21 21:18	Feb 20 16:13	Mar 22 09:15	Apr 20 23:21
Mai 20 10:34	Jun 18 19:42	Jul 18 03:47	Aug 16 11:44
Sep 14 20:14	Okt 14 05:52	Nov 12 17:12	Dez 12 06:44

Die Königin Liutgard war nach meiner Überzeugung mit den Mondphasen weitaus besser vertraut, als mit dem julianischen Kalender. Jederzeit konnte die Königin aber aus der Mondphase das Datum im julianischen Kalender ermitteln. Es erscheint mir völlig ausgeschlossen, dass man im Mittelalter umgekehrt die aktuelle Mondphase aus dem Sonnenkalender entnehmen wollte, wie wir das heute gewohnt sind.

Nun stellt sich umgekehrt die Frage: Wozu wollte die Königin Liutgard um 800 das Datum im julianischen Kalender wissen? Um Termine im julianischen Kalender zu vereinbaren, musste jeder der

Beteiligten über einen Mondzykluskalender verfügen. Zuerst codiert die Königin die Mondphase in ein Datum, dann decodieren die Adressaten das Datum zurück in eine Mondphase. Diese Vorgangsweise erscheint extrem umständlich. Einfacher wäre es gleich eine Mondphase zu vereinbaren.

Auf den zweiten Blick bietet der Kalender der Goldenen Zahlen aber große Vorteile: Ohne den Himmel zu beobachten, kann das Datum der Wintersonnenwende und in der Folge Weihnachten auf diese Weise ermittelt werden. Besonders vorteilhaft ist, dass es keine Diskussionen über den fallweisen Einschub eines dreizehnten Mondmonats gibt. Auch der Ostervollmond konnte direkt aus den Tabellen entnommen werden. Im Jahr 798 ist der Vollmond LUNA XIV gemäß der Tabelle T2 am 5. April zu erwarten. Der genaue Zeitpunkt war der 5. April 798 12:45 UT. Dieser Tag liegt eindeutig nach dem 21. März, der seit Beda Venerabilis als Tagundnachtgleiche definiert war, und daher handelt es sich ohne Zweifel um den Ostervollmond. Weil der 5. April 798 ein Donnerstag war, wurde Ostern (vermutlich) am Sonntag den 8. April gefeiert.

Schon in der Steinzeit wollten Priesterastronomen der Bevölkerung den Tag der Sonnenwende vermitteln. Dazu mussten sie aber aufwendige Kreisanlagen errichten und auch bei Schlechtwetter ihre Beobachtungen durchführen. Mit Hilfe der Goldenen Zahlen konnte man den julianischen Kalender auch bequem von zu Hause aus führen und trotzdem den Sonnenlauf sehr genau nachvollziehen. Nun konnte man auf einfache Weise das unsichtbare geheimnisvolle Sternzeichen hinter der Sonne eindeutig bestimmen. Für Astrologen war das eine enorme Vereinfachung. Nikolaus von Kues schreibt, dass die Goldenen Zahlen von den Chaldäern stammen. Als Chaldäer wurden die Sterndeuter bezeichnet. Auf Basis der Goldenen Zahlen konnte man nun Horoskope auf einfache Weise mit Hilfe des Mondes erstellen.

Der Kalender der Goldenen Zahlen

Der Kalender der Königin Liutgard enthält für jeden der 6940 Tage des 19jährigen Zyklus das Mondalter. Der Kalender kann allerdings ohne Informationsverlust auf die 235 Monatsanfänge einer Meton-Periode reduziert werden. Angenommen wir streichen in der Tabelle T2 alle Zahlen mit Ausnahme der 1, dann verbleiben lediglich 12 Einträge. Weil dem Jahr 798 die Goldene Zahl I zugeordnet ist, ersetzen wir die 1 durch die römische Ziffer I. Dann tragen wir alle Monatsanfänge des Jahres 799 mit der römischen Ziffer II ein. Wenn wir das bis zum Jahr 816 (Goldene Zahl XIX) weiterführen, dann erhalten wir den sogenannten Kalender der Goldenen Zahlen. Die Goldene Zahl I entspricht allen Jahren, die ein Vielfaches von 19 sind. Um die Goldene Zahl eines Jahres zu bestimmen, addiert man 1 zur Jahreszahl und dividiert durch 19. Der Divisionsrest ist die Goldene Zahl des Jahres. Beispiel: Zum Jahr 800 gehört die Goldene Zahl III, denn 800+1 = 801= 42*19+3.

Die im Spätmittelalter hergestellten Stundenbücher waren außerordentlich wertvolle Kunstwerke. Sie enthalten Regeln für die täglichen Gebetsstunden und viele farbige Darstellungen von Szenen aus der Heiligen Schrift. Weiter enthalten diese Bücher meist zwölf Kalenderblätter für die zwölf Monate des julianischen Kalenders. In diesen Kalenderblättern werden stets die sogenannten „Goldenen Zahlen" angegeben. Insgesamt gibt es 235 Einträge entsprechend den 235 Neumonden innerhalb einer Meton-Periode. Kurze und lange Mondmonate sind durch die Goldenen Zahlen bereits festgelegt. Der Kalender der Goldenen Zahlen benötigt daher keine Berechnungsvorschriften über Monatslängen und Schaltmonate. Man braucht nicht einmal Schalttage, wie sich noch zeigen wird. Meist unterscheiden sich die Goldenen Zahlen in den einzelnen Stundenbüchern nur geringfügig und entsprechen weitgehend der Tabelle T3.

	jan	feb	mar	apr	mai	jun	jul	aug	sep	okt	nov	dez
			1	2	3	4	5	6	7	8	9	10
1	III		III		XI		XIX	VIII	XVI	XVI		XIII
2		XI		XI		XIX	VIII		V	V	XIII	II
3	XI	XIX	XI		XIX	VIII		XVI		XIII	II	
4		VIII		XIX	VIII	XVI	XVI	V	XIII	II		X
5	XIX		XIX	VIII		V	V		II		X	
6	VIII	XVI	VIII	XVI	XVI			XIII		X		XVIII
7		V		V	V	XIII	XIII	II	X		XVIII	VII
8	XVI		XVI			II	II			XVIII	VII	
9	V	XIII	V	XIII	XIII			X	XVIII	VII		XV
10		II		II	II	X	X		VII		XV	IIII
11	XIII		XIII					XVIII		XV	IIII	
12	II	X	II	X	X	XVIII	XVIII	VII	XV	IIII		XII
13						VII	VII		IIII		XII	I
14	X	XVIII	X	XVIII	XVIII			XV		XII	I	
15		VII		VII	VII	XV	XV	IIII	XII	I		IX
16	XVIII		XVIII			IIII	IIII		I		IX	
17	VII	XV	VII	XV	XV			XII		IX		XVII
18		IIII		IIII	IIII	XII	XII	I	IX		XVII	VI
19	XV		XV			I	I			XVII	VI	
20	IIII	XII	IIII	XII	XII			IX	XVII	VI		XIV
21		I		I	I	IX	IX		VI		XIV	III
22	XII		XII					XVII		XIV	III	
23	I	IX	I	IX	IX	XVII	XVII	VI	XIV	III		XI
24						VI	VI		III		XI	
25	IX	XVII	IX	XVII	XVII			XIV		XI		XIX
26		VI		VI	VI	XIV	XIV	III	XI		XIX	VIII
27	XVII		XVII			III	III			XIX	VIII	
28	VI	XIV	VI	XIV	XIV			XI	XIX	VIII		XVI
29		---		III	III	XI	XI		VIII		XVI	V
30	XIV	---	XIV					XIX		XVI	V	
31	III	---	III	---	XI	---	XIX	VIII	---		---	XIII
365	31	28	31	30	31	30	31	31	30	31	30	31

Tabelle T3: Die typischen Goldenen Zahlen der Stundenbücher

Die Tabelle T3 enthält die Goldenen Zahlen, die in vielen Stundenbüchern in fast identischer Form vorkommen. Zunächst fällt auf, dass die Goldene Zahl I nicht Anfang Januar sondern erstmals am 23. Januar erscheint. Dies liegt daran, dass der Goldenen Zahl I der Neumond an Weihnachten zugeordnet war. Daher findet sich der Weihnachts-Neumond erst am Ende des Kalenders entsprechend der Goldenen Zahl XIX.

Um den Kalender zu erstellen genügt es, wenn wir abwechselnd Monate mit 29 und 30 Tagen eintragen. Allerdings muss siebenmal in 19 Jahren ein Zusatzmonat mit 30 Tagen eingeschoben werden. Es genügt, die 7 Monate halbwegs gleichmäßig zu verteilen, denn eine genaue Aufteilung ist aus verschiedenen Gründen nicht sinnvoll.

Frage 1: Warum ist es von Vorteil kurze und lange Mondmonate möglichst gleichmäßig auf den Meton-Zyklus aufzuteilen?

Antwort 1: Der Kalender der Goldenen Zahlen soll für mehrere Jahrhunderte verwendet werden. Dabei sind Abweichungen der Neumonde von einem Tag nicht zu vermeiden. In Ausnahmefällen können es auch zwei Tage sein. Dafür gibt es mehrere Gründe.

Durch die elliptische Umlaufbahn des Mondes bedingt, schwankt der synodische Mondmonat zwischen 29,3 und 29,8 Tagen. Oft entscheiden heute nur wenige Stunden oder sogar Minuten (vor oder nach Mitternacht) über die Länge eines Mondmonats. Weil es bis ins 19. Jahrhundert nur Ortszeiten und keine Zeitzonen gegeben hat, sind Zeitangaben ohne Ortsangabe prinzipiell ungenau. Im Mittelalter war der Tagesbeginn nicht definiert. Der Datumswechsel konnte sowohl am Morgen als auch am Abend oder auch zu Mittag stattfinden.

Es ist daher prinzipiell unmöglich den Kalender der Goldenen Zahlen für mehrere Zyklen exakt zu erstellen. Nur eine gleichmäßige Aufteilung bringt auf längere Sicht eine zufriedenstellende Übereinstimmung mit den „himmlischen" Werten.

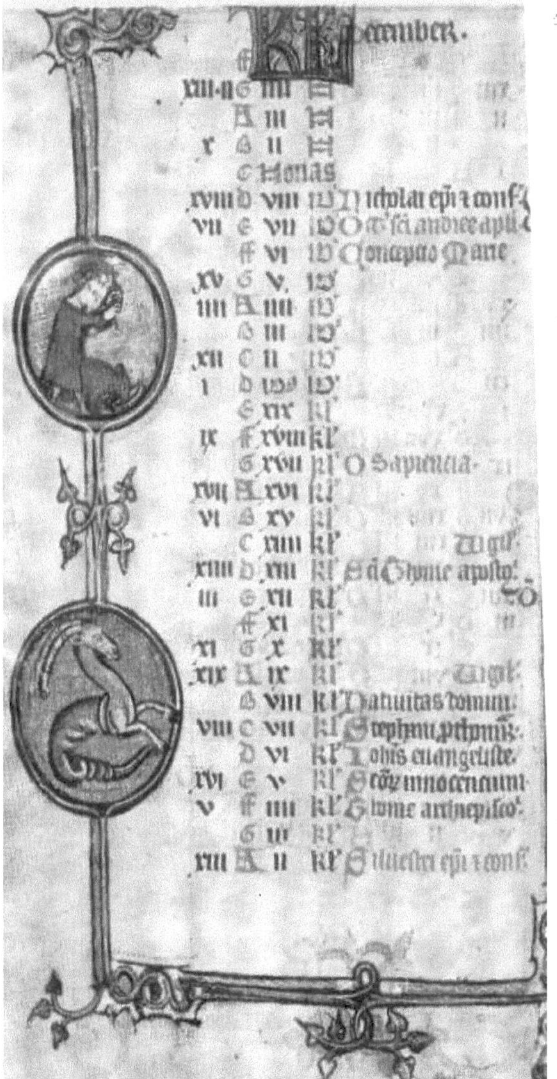

	December			
1		F	Kalend	Kal
2	XIII-II	G	IIII	Non
3		A	III	Non
4	X	B	II	Non
5		C	Nonas	Non
6	XVIII	D	VIII	Idus
7	VII	E	VII	Idus
8		F	VI	Idus
9	XV	G	V	Idus
10	IIII	A	IIII	Idus
11		B	III	Idus
12	XII	C	II	Idus
13	I	D	Idus	Idus
14		E	XIX	Kal
15	IX	F	XVIII	Kal
16		G	XVII	Kal
17	XVII	A	XVI	Kal
18	VI	B	XV	Kal
19		C	XIIII	Kal
20	XIIII	D	XIII	Kal
21	III	E	XII	Kal
22		F	XI	Kal
23	XI	G	X	Kal
24	XIX	A	IX	Kal
25		B	VIII	Kal
26	VIII	C	VII	Kal
27		D	VI	Kal
28	XVI	E	V	Kal
29	V	F	IIII	Kal
30		G	III	Kal
31	XIII	A	II	Kal

Abbildung 3: Kalenderblatt Dezember aus dem Stundenbuch Taymouth , entstanden um 1325. Quelle Wikipedia

Frage 2: Bezeichnen die Goldenen Zahlen in der Tabelle T3 die Konjunktion oder bereits das Neulicht?

Antwort 2:   Als Neulicht bezeichnet man die erste dünne Mondsichel, die (bei guten Sichtverhältnissen) erst ein bis zwei Tage nach der Konjunktion erscheint. Die christliche Osterrechnung bezeichnet den Vollmond mit LUNA XIV, obwohl er erst knapp 15 Tage nach der Konjunktion erscheint. Daher scheint die Bezeichnung LUNA I eher auf den Tag nach der Konjunktion, also auf das Neulicht hinzuweisen. Im Mondzykluskalender der Königin Liutgard bezeichnet das Mondalter 1, wie bereits der Name sagt, den Tag nach der Konjunktion.

Weil sich die Konjunktion in 310 Jahren um einen Tag verschiebt, kann man die Frage aber nur beantworten, wenn man die Entstehungszeit des Kalenders kennt. Falls die Goldenen Zahlen aus den Stundenbüchern ursprünglich die Konjunktion angegeben haben, dann wurden die Kalender vermutlich zwischen 300 n. Chr. und 500 n. Chr. erstellt. Andernfalls ist eine Entstehungszeit zwischen 600 und 800 n. Chr. am wahrscheinlichsten.

Anmerkung: Um die Frage nach der Entstehungszeit der Goldenen Zahlen in Tabelle T3 aber überhaupt beantworten zu können sind zwei Voraussetzungen notwendig. Erstens muss sichergestellt sein, dass der 19jährige Zyklus niemals unterbrochen wurde. Das ist keineswegs selbstverständlich, denn die christliche Jahreszählung wurde erst um 525 von Dionysius Exiguus geschaffen und hat sich erst Jahrhunderte später allmählich durchgesetzt. Weil der Meton-Zyklus stets in Jahren beginnt, die restlos durch 19 teilbar sind, ist die christliche Jahreszählung eng mit dem 19jährigen Zyklus verbunden. Eine weitere entscheidende Voraussetzung ist, dass niemals Unregelmäßigkeiten bei den Schalttagen aufgetreten sind. Die überwiegende Mehrheit der Historiker haben aber keine Zweifel an der Kontinuität des julianischen Kalenders und setzen daher eine fehlerfreie Tradition voraus.

Die julianische Epakte

Die julianische Epakte gibt das Mondalter am Ende des Sonnenjahres an. Man kann die Epakte unmittelbar aus den Goldenen Zahlen der Tabelle T3 ableiten.

<table>
<tr><td></td><td>GZ
Januar</td><td>Julianische
Epakte</td><td></td></tr>
<tr><td>1</td><td>III</td><td>*</td><td rowspan="31">

Dem 1. Januar ist die Goldene Zahl III zugeordnet. An diesem Tag sind 30 Tage seit dem letzten Neumond vergangen. Statt Epakte 30 schreibt man aber traditionell einen Stern *, weil die Ziffer 0 noch nicht verwendet wurde.

Dem 3. Januar ist die Goldene Zahl XI zugeordnet. An diesem Tag sind ebenfalls 30 Tage seit dem Neumond vergangen, daher war das Mondalter am 1. Januar 28. Die Epakte für GZ XI beträgt daher 28.

Es ist einfach die Tabelle entsprechend fortzusetzen.

Dem 30. Januar ist die Goldene Zahl XIV zugeordnet und daher war am 29. Januar Neumond. Ebenso war 30 Tage vorher am 30. Dezember ebenfalls Neumond. Die julianische Epakte beträgt daher 1.

</td></tr>
<tr><td>2</td><td></td><td>29</td></tr>
<tr><td>3</td><td>XI</td><td>28</td></tr>
<tr><td>4</td><td></td><td>27</td></tr>
<tr><td>5</td><td>XIX</td><td>26</td></tr>
<tr><td>6</td><td>VIII</td><td>25</td></tr>
<tr><td>7</td><td></td><td>24</td></tr>
<tr><td>8</td><td>XVI</td><td>23</td></tr>
<tr><td>9</td><td>V</td><td>22</td></tr>
<tr><td>10</td><td></td><td>21</td></tr>
<tr><td>11</td><td>XIII</td><td>20</td></tr>
<tr><td>12</td><td>II</td><td>19</td></tr>
<tr><td>13</td><td></td><td>18</td></tr>
<tr><td>14</td><td>X</td><td>17</td></tr>
<tr><td>15</td><td></td><td>16</td></tr>
<tr><td>16</td><td>XVIII</td><td>15</td></tr>
<tr><td>17</td><td>VII</td><td>14</td></tr>
<tr><td>18</td><td></td><td>13</td></tr>
<tr><td>19</td><td>XV</td><td>12</td></tr>
<tr><td>20</td><td>IIII</td><td>11</td></tr>
<tr><td>21</td><td></td><td>10</td></tr>
<tr><td>22</td><td>XII</td><td>9</td></tr>
<tr><td>23</td><td>I</td><td>8</td></tr>
<tr><td>24</td><td></td><td>7</td></tr>
<tr><td>25</td><td>IX</td><td>6</td></tr>
<tr><td>26</td><td></td><td>5</td></tr>
<tr><td>27</td><td>XVII</td><td>4</td></tr>
<tr><td>28</td><td>VI</td><td>3</td></tr>
<tr><td>29</td><td></td><td>2</td></tr>
<tr><td>30</td><td>XIV</td><td>1</td></tr>
<tr><td>31</td><td>III</td><td>*</td></tr>
</table>

"Epacta nihil aliudest quam numerus dierum quibus annus solaris communis dierum 365 annum communem lunarem dierum 354 superat", Das bedeutet: „Die Epakte ist nichts anderes als die Zahl der Tage, um die das gemeine Sonnenjahr das gemeine Mondjahr übersteigt". Die julianischen Epakten finden sich beispielsweise auf der Webseite von Nikolaus A. Bär (URL: www.nabkal.de/epakte.html)

Der Goldenen Zahl III ist die Epakte * zugeordnet. Heute würde man statt einem * eine Null schreiben. Man kann den Stern gedanklich auch durch 30 ersetzen. Dem Jahr 800 ist die Goldene Zahl III zugeordnet. Die Konjunktion fand am 31. Dezember 799 0:41 UT statt

Dem Jahr 1503 ist ebenfalls die Goldene Zahl III zugeordnet. Die Konjunktion fand wegen der Drift der Mondphasen aber bereits am 29. Dezember 1502 12:16 UT statt.

Hinweis zur vereinfachten Anwendung der Goldenen Zahlen:

Weil das Mondjahr kürzer als das Sonnenjahr ist, verschiebt sich die Goldene Zahl jedes Jahr um 11 Tage. Nach vier Jahren ergeben sich 44 Tage. Dies entspricht sehr genau dem Zeitraum zwischen einem Neumond und einem Vollmond. Auf einfache Weise kann man die Mondviertel sofort aus dem Kalender entnehmen.

Aktuelle Goldene Zahl + 2 gibt den zunehmenden Halbmond an.

Aktuelle Goldene Zahl + 4 gibt den Vollmond an.

Aktuelle Goldene Zahl - 2 gibt den abnehmenden Halbmond an.

Aktuelle Goldene Zahl - 4 gibt auch den Vollmond an, weil sich Mondphasen nach 8 Jahren näherungsweise wiederholen.

Angenommen wir befinden uns in einem Jahr entsprechend der Goldenen Zahl I. Dann geben die Goldenen Zahlen III den zunehmenden Halbmond und die Goldene Zahl XVIII den abnehmenden Halbmond an. Der Vollmond befindet sich zwischen den Goldenen Zahlen XVI und V, die entsprechend dem 8jährigen Zyklus aufeinanderfolgen.

Ein alter Holzkalender

Der julianische Kalender wurde gemäß Überlieferung im Jahr 45 v. Chr. in Kraft gesetzt. Bis um 800 blieb der Kalender nach meiner Ansicht einer verschwindend kleinen Oberschicht vorbehalten, wenn es nicht überhaupt nur wenige Wissenschaftler (Computisten und Sterndeuter) waren, die sich mit dem julianischen Kalender beschäftigt haben. Die überwiegende Zahl der Menschen orientierte sich am Mond. Daher bin ich der Meinung, dass die Goldenen Zahlen in erster Linie dazu dienten, das Datum im julianischen Sonnenkalender auf einfache Weise aus den Mondphasen abzuleiten.

Nun kommt aber das Überraschende: Um zu wissen, wann bestimmte Namenstage gefeiert werden, muss man den julianischen Kalender gar nicht kennen. Unter Namenstag sind dabei alle Tage gemeint, die einen Namen haben. Also beispielsweise Laurenti, Michaeli, Allerheiligen und Weihnachten. Jeder einfache Hirte konnte die Namenstage bestimmen, ohne das Datum zu kennen. Diesem genialen Verfahren lagen die Goldenen Zahlen zugrunde. In der einschlägigen Literatur wird diese Art der Verwendung nicht diskutiert. Man geht meist selbstverständlich davon aus, dass die Kalender damals, so wie auch heute, zur Bestimmung der Mondphase dienten.

Viele Namenstage findet man in einem „Holzkalender" aus Südtirol, der aus der Figdorschen Sammlung (Wien, Nr. 799) stammt und um 1526 entstanden ist. Die vier Holzblätter haben 14,6 cm Länge und 12,3 cm Breite. Eine Beschreibung findet sich in den Mitteilungen des Instituts für Österreichische Geschichtsforschung, 9 (1888) (Riegl, 1888/2011 S. 82-103). Heinz Zemanek verwendet das dritte Blatt als Titelbild (Zemanek, 1978). Alle vier Kalenderblätter finden sich bei Michael Mitterauer (Mitterauer, 1993 S. 362f), bei Alfred Pfaff (Pfaff, 1947) und in (Glaninger, 2016 S. 186f).

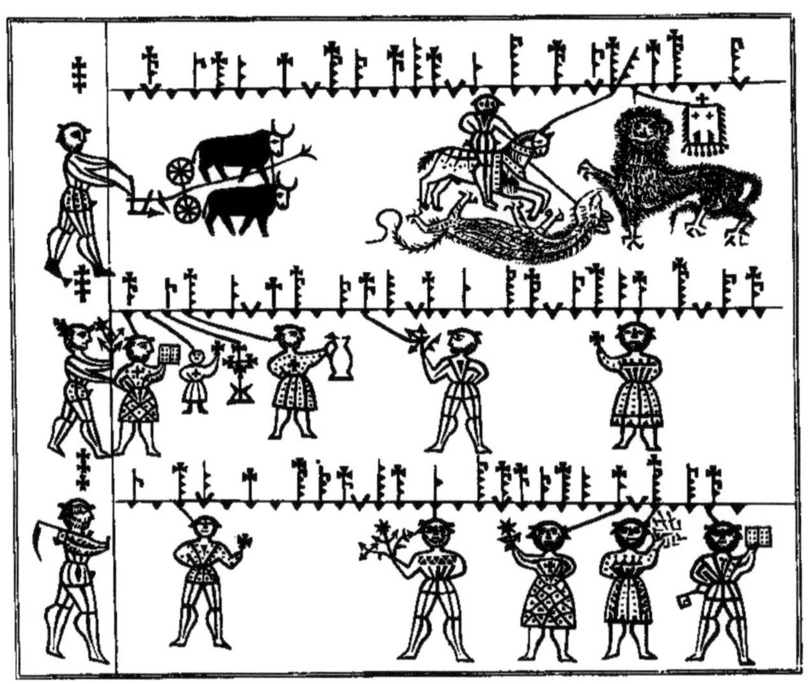

Abbildung 4: Holzkalender aus der Zeit um 1526. Dargestellt sind die Monate April, Mai und Juni

Die kleinen Dreiecke und Häkchen auf den Linien geben den Wochentag an, wobei die Zuordnung jedes Jahr wechselt.

APRIL	MAI	JUNI
24. Georg (Drache)	1. Philipp und Jakob	3. Erasmus
25. Markus(Löwe)	2. Sigismund	15. Vitus (St. Veit)
25. Ostergrenze(Fahne)	3. Kreuzauffindung	24. Johannes der Täufer
	4. Florian(Krug)	26. Johannes und Paulus (Hagel)
	12. Pankratius	29. Peter und Paul (Schlüssel und Buch)
	25. Urban	

Die geheimnisvollen Zeichen über den Linien geben die Goldenen Zahlen innerhalb eines 19 jährigen Mondzyklus an. Dreht man die Symbole gegen den Uhrzeigersinn, erkennt man die Ähnlichkeit mit den römischen Zahlen.

	APRIL		MAI		JUNI	
	4		5		6	
1	○		○	XVI	○	V
2	▶	XVI	○		○	
3	○		○	V	○	XIII
4	○	V	○	XIII	▶	II
5	○	XIII	○		○	
6	○	II	▶	II	○	X
7	○		○		○	
8	○	X	○	X	○	XVIII
9	▶		○	XVIII	○	VII
10	○	XVIII	○		○	XV
11	○	VII	○	VII	▶	
12	○		○	XV	○	IIII
13	○	XV	▶	IIII	○	XII
14	○	IIII	○		○	
15	○	XII	○	XII	○	I
16	▶		○		○	
17	○	I	○	I	○	IX
18	○		○		▶	XVII
19	○	IX	○	IX	○	?
20	○		▶	XVII	○	VI
21	○	XVII	○		○	XIV
22	○		○	VI	○	III
23	▶	VI	○	XIV	○	
24	○	XIV	○	III	○	XI
25	○	III	○	XI	▶	
26	○	XI	○		○	XIX
27	○	XIX	○	XIX	○	
28	○		▶		○	VIII
29	○		○	VIII	○	
30	▶	VIII	○		○	XVI
31			○	XVI		
	30		31		30	

Tabelle T4   Die Goldenen Zahlen aus dem Kalenderblatt Abb. 4. Das Fragezeichen am 19. Juni weist auf einen fehlerhaften Eintrag (GZ XV)

Die Goldenen Zahlen geben die Neumonde (nicht das Neulicht) für das 16. Jahrhundert an. Mit Hilfe des Kalenders können die Neumonde mindestens 200 Jahre im Voraus bestimmt werden. Wozu wollte der Benutzer des Kalenders die Neumonde wissen? Wollte der Benutzer das Osterdatum beispielsweise 50 Jahre im Voraus berechnen? Dazu musste er auch den aktuellen Wochentag berechnen, was keine leichte Aufgabe ist. Wollte der Benutzer die offiziellen Ostertermine der Kirche kontrollieren? Es muss eine andere Erklärung geben.

Geht man von den Mondphasen aus, dann erweist sich der Kalender als ein Geniestreich. Mit wenig Aufwand kann man das Datum im julianischen Kalender ermitteln und Termine festlegen. Angenommen ein Hirte möchte an Peter und Paul am 29. Juni an einem Sommerfest teilnehmen. Die Bestimmung des Datums ist einfach. Der Hirte sucht mit Hilfe der aktuellen Goldenen Zahl den Neumond und bestimmt den Wochentag. Dann bestimmt er den Wochentag von Peter und Paul und kann das Sommerfest eindeutig zuordnen. Das Bildsymbol in Verbindung mit der Goldenen Zahl und dem Wochentag genügt. Nehmen wir das Zyklusjahr IX an. Der Hirte erkennt sofort, dass am 17. Juni der Neumond zu erwarten ist. Am 29. Juni wird daher fast Vollmond sein. Wenn das Häkchen im aktuellen Jahr dem Dienstag entspricht, dann ist der 29. Juni ein Samstag. Das Fest wird daher am Samstag vor dem Vollmond stattfinden. Ob der Monat Juni 30 oder 31 Tage hat, interessiert dabei ebenso wenig wie das Datum 29. Juni.

Zweifellos gibt es eine gewisse Unsicherheit bei der Bestimmung des Datums aus den Mondphasen. Diese Unsicherheit wird allerdings durch den Wochenkalender weitgehend aufgehoben. Auch heute genügt der Wochenkalender um unser Leben kurzfristig zu strukturieren. Viele von uns gehen am Montag zur Arbeit, ohne das aktuelle Datum zu kennen. Jeder Mensch kannte im Mittelalter das aktuelle Mondalter und den Wochentag. Mit Hilfe des Holzkalenders konnte man alle wichtigen Festtage eines Jahres feststellen.

Es ist sehr unwahrscheinlich, dass der Hirte den Neumond im Jahreslauf nicht eindeutig zuordnen kann. Um ganz sicherzugehen kann der Hirte die Neumonde zählen, indem er beispielsweise bei jedem Neumond einen markanten Stein vor seine Hütte legt. Noch einfacher ist es den Vollmond am Himmel einem Sternbild zuzuordnen.

Jedenfalls muss der Hirte die aktuelle Goldene Zahl kennen. Das kann aber kein Problem sein, denn die Goldenen Zahlen sind ähnlich wie römische Ziffern als Kerbzeichen geschrieben. Der Hirte muss die Monatslängen des julianischen Kalenders nicht kennen. Er muss überhaupt keine Ahnung von der Existenz des julianischen Kalenders haben und kann trotzdem den aktuellen Festtermin bestimmen. Einem Hirten auf einer Almhütte wäre es ohne Telefon, Rundfunk oder Fernsehen nur mit einem ungeheuren Aufwand möglich, Termine verlässlich wahrzunehmen. Er müsste die Tage ab dem Almauftrieb im Frühjahr alle einzeln zählen und beispielsweise auf einem Kerbholz dokumentieren.

Bis heute enthalten die sogenannten Mandlkalender die Mondphasen. Es ist durchaus wahrscheinlich, dass die Landbevölkerung noch im 19. Jahrhundert, die Namenstage und das Datum aus den Mondphasen abgeleitet hat.

Selbstverständlich kann man den Kalender auch in umgekehrter Richtung verwenden und, so wie wir das gewohnt sind, die Neumonde aus dem Kalenderdatum bestimmen. Es erscheint mir aber nahezu lächerlich, anzunehmen, dass naturverbundene Menschen, für die das Mondlicht oft sogar überlebenswichtig ist, die Mondphasen auf diese Art bestimmen wollten. Noch weniger glaubhaft erscheint mir, dass einfache Menschen die Neumonde hundert und mehr Jahre im Voraus wissen wollten.

Der fehlende Schalttag

Im Kalender der Goldenen Zahlen gibt es keine Schalttage. Wie kann ein Kalender ohne Schalttage die Jahreslänge von 365 ¼ Tage nachbilden?

Der Kalender der Goldenen Zahlen benötigt keine Schalttage, denn diese werden durch den Mond erzwungen. Sie werden indirekt berücksichtigt und man könnte fast sagen, sie werden durch den Mond in den Kalender gezaubert.

Damit ist eine heute wenig beachtete Besonderheit der alten Kalender einfach zu erklären: *Während der Schalttag im bürgerlichen Leben ein Tag wie jeder andere auch ist, wird er in der strengen kirchlichen Kalenderberechnung als überhaupt nicht vorhanden angesehen. Diese Eigentümlichkeit, auf die wir noch öfter stoßen werden, hat oft zu Unklarheiten und Irrtümern Veranlassung gegeben.* (Pfaff, 1947 S. 17).

Die Meton-Periode bildet die Grundlage der Goldenen Zahlen. Die Meton-Periode umfasst sowohl 19 Jahre als auch 235 Mondmonate. Insgesamt sind es fast 6940 Tage.

235 Lunationen dauern	235*29,53059	= 6939,69 Tage
19 Sonnenjahre dauern	19*365,25	= 6939,75 Tage

Ein Gemeinjahr umfasst 365 Tage. 19 Gemeinjahre enthalten (19*365=) 6935 Tage. Der Kalender der Goldenen Zahlen enthält auch nur 6935 Tage. Verwendet man 115 Mondmonate mit 29 Tagen und 120 Monate mit 30 Tagen, so ergeben sich genau 6935 Tage, entsprechend 19 Gemeinjahren. Die Schalttage fehlen daher sowohl im 365-Tage-Sonnenkalender als auch im Mondkalender

Wenn man, wie ich zu zeigen versucht habe, tatsächlich das Datum im julianischen Kalender mit Hilfe der Mondphasen abgeleitet hat, dann ist es selbstverständlich, dass bei der Verwendung der Goldenen Zahlen keine expliziten Schalttage anfallen. Die folgende Grafik soll dies deutlich machen:

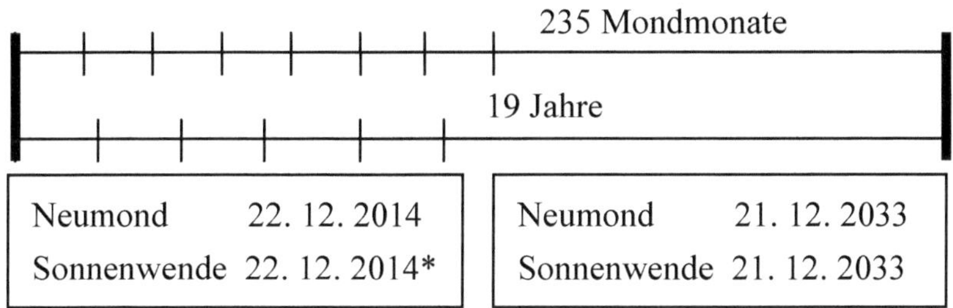

* Die Sonnenwende 2014 fand um 0:03 MEZ statt

Der aus den Mondphasen abgeleitet julianische Kalender ist prinzipiell ungenau, denn man kann das Mondalter am Nachthimmel nur subjektiv bestimmen. Allerdings wird der Fehler nur selten mehr als einen Tag betragen. Die durch den Schalttag verursachte Unsicherheit fällt dabei nicht besonders ins Gewicht.

Beispielsweise war das Jahr 804 ein Schaltjahr und der Goldenen Zahl VII zugeordnet. In der Tabelle T3 ist LUNA I am 15. Februar 804 eingetragen. Das nächste Neulicht ist am 17. März zu erwarten. Dass der 29. Februar 804 in der Tabelle T3 nicht vorhanden ist, fällt dabei rein formal nicht auf. Die dabei entstehende Ungenauigkeit von einem Tag verschwindet nach einiger Zeit von selbst.

Vielleicht wurde der julianische Kalender ja tatsächlich seit seiner Erfindung - von einer kleinen Panne zur Zeitenwende abgesehen - von engagierten Kalenderhütern problemlos und fehlerlos bis zur Kalenderreform geführt. Es erscheint mir aber sehr unwahrscheinlich, dass der julianische Kalender, im Mittelalter der Allgemeinheit bekannt war und einheitlich kommuniziert wurde.

Hans Lenz schreibt: *In den ältesten Epochen bestimmten Priester, Städte oder Staaten die Zeit, wie es ihren Bedürfnissen entsprach. Den Reisenden erwarteten hinter der nächsten Grenze andere Wochentage, Monate oder Jahreszahlen, von Stunden nicht zu reden* (Lenz, 2005 S. 472). Warum sollte die Aussage nicht auch für das Mittelalter gelten?

Es ergeben sich eindrucksvolle Parallelen, wenn wir die Entstehung der Zeitzonen betrachten.

Wasseruhren gab es bereits im Altertum, die allerdings von Spezialisten bedient werden mussten. Sonnenuhren zeigen nur bei entsprechender Sonnenstrahlung die Zeit an. Die ersten Räderuhren entstanden im 14. Jahrhundert. Erst allmählich war es für die Menschen sinnvoll den Tag in Stunden einzuteilen. Wenn die Sonne ihren höchsten Stand über dem Horizont erreichte, dann war 12 Uhr. Jeder Ort mit unterschiedlicher geographischer Länge, hatte seine eigene Ortszeit. Erst durch die schnellen Eisenbahnverbindungen wurde dies zum Problem. Die Einführung der Zeitzonen erfolgte in der zweiten Hälfte des 19. Jahrhunderts und wurde in Deutschland erst 1893 als gesetzliche Zeit verankert.

Ich glaube, dass sich der julianische Kalender in ganz analoger Weise allmählich gefestigt hat. Selbstverständlich kann es in Rom und auch andernorts Kalenderbeauftragte gegeben haben, die seit den Tagen des Augustus die Tage und Schalttage fortlaufend gezählt haben. Die meisten Menschen hatten davon keine Kenntnis. Nur wenige Verwaltungszentren benötigten im Mittelalter überhaupt einen Sonnenkalender. Um Dokumente zu datieren war es dabei sicher ausreichend das Datum mit Hilfe des Mondes aus den Goldenen Zahlen abzuleiten. Eine Unsicherheit von ein bis höchstens zwei Tagen, hat dabei nicht gestört. Ist wirklich auszuschließen, dass lokal abweichende „julianische Kalender" verwendet wurden, die erst allmählich (ab 1500?) synchronisiert wurden?

Niemand brauchte früher eine Uhr, denn die Zeit wurde durch das Läuten der Kirchenglocken angezeigt. Ganz analog wurde das aktuelle Datum ausgerufen oder durch Signalfeuer auf Kalenderbergen signalisiert. Ich vermute, dass diese Kalenderberge später in Kalvarienberge umgewandelt wurden. Dies erklärt nach meiner Ansicht die oft weithin sichtbare Lage der Kreuzwegstationen.

Im offiziellen julianischen Kalender wurden die Schalttage durch eine einfache Regel berücksichtigt: Man zählte in Schaltjahren einfach den 24. Februar doppelt. Weil der 24. Februar in alter römischer Schreibweise als VI Kal. Martius (Tag 6 vor den Kalenden des März) bezeichnet wurde, heißt der Schalttag auch bissextus (Doppelsechster; engl bissextile, franz. bissextile). Wenn man einen Tag doppelt zählt, dann wird der Mondkalender automatisch gleichzeitig mit dem Sonnenkalender geschaltet. Durch die „Doppelzählung" verschwindet der Schalttag rein formal aus dem Kalender. Nicht einmal in Schaltjahren wurden daher die 28 Tage des Februars angetastet:

Wir haben soeben davon gesprochen, dass die Kirche den Schalttag als überhaupt nicht vorhanden ansieht. (...) Sie spricht aber hierbei, wenigstens in alten Kalendern, nicht etwa vom 24. oder 25. Februar, sondern ausschließlich nur vom Matthiastag.(Pfaff, 1947 S. 19)

Ob mit oder ohne Schalttage, wichtig ist, dass die „Randbedingungen" am Anfang und am Ende des jeweiligen Zyklus stimmen. Beispielsweise war am 21. Januar 798 Neumond und 19 Jahre später war am 21. Januar 817 wieder Neumond. Wie die Schaltmonate innerhalb der 19 Jahre verteilt sind, ist von untergeordneter Bedeutung. Der Einfluss der Schalttage verursacht zwar kurzfristig eine Ungenauigkeit von einem Tag, der aber in den Folgemonaten wieder ausgeglichen wird. Die Unregelmäßigkeit, bedingt durch die elliptische Umlaufbahn des Mondes, ist von vergleichbarem Einfluss.

Die Goldenen Zahlen im 21. Jahrhundert

Um das Kapitel über Goldene Zahlen abzuschließen, erscheint es reizvoll das Kalenderblatt Tabelle T3 für das 21. Jahrhundert zu aktualisieren. Damit könnte man während der nächsten zweihundert Jahre mit Hilfe des Mondes das aktuelle Datum bestimmen und auch ohne fremde Hilfe die Sonnenwenden und Tagundnachtgleichen mit hoher Genauigkeit feststellen.

Angesichts der heute vorhandenen unzähligen Möglichkeiten das Datum festzustellen, ist diese Art der Anwendung nur von theoretischem Interesse. Vor 1000 Jahren war der Kalender der Goldenen Zahlen aber nach meiner Meinung die einzige Möglichkeit den Sonnenlauf zu verfolgen, ohne konsequent die Monatstage zu zählen und auf Schaltjahre zu achten.

Den Kalender der Goldenen Zahlen zu erstellen ist erstaunlich einfach, wie bereits im Kapitel „Der Kalender der Königin Liutgard" gezeigt wurde. Es ist Tradition, den Kalender mit einem Jahr zu beginnen, das durch 19 ohne Rest geteilt werden kann. Diesen besonderen Jahren wird traditionell die Goldene Zahl I zugeordnet. Weil 2014 (=19*106) ein Vielfaches von 19 ist, beginne ich den Kalender mit diesem Jahr.

Man könnte es Zufall nennen oder es als Folge der gregorianischen Kalenderreform ansehen, dass ausgerechnet am 1. Januar 2014 Neumond war. Daher beginnen wir die Zählung der Mondmonate an diesem Tag und schreiben am 1. Januar eine Eins in die Tabelle T5. Der erste Mondmonat endet nach 29 Tagen am 29. Januar. Weil der zweite Mondmonat des Jahres 2014 am 30. Januar mit dem Neumond beginnt, schreiben wir auch am 30. Januar eine Eins in die Tabelle 5.

	Jan	Feb	Mar	Apr	Mai	Jun	Jul	Aug	Sep	Okt	Nov	Dez	
1	1	9	1	9		17		6	3	3	11	11	1
2	9	17	9	17	17		6	3,14		11		19	2
3						6			11		19		3
4	17	6	17		6	14	3,14	11	19	19	8	8	4
5				6		3	11					16	5
6	6	14	6	14*	3,14	11		19		8	16		6
7	14			3			19		8	16	5	5	7
8		3	14	11	11	19		8	16				8
9		11	3		19				5	5	13	13	9
10	3		11	19		8	8	16		13			10
11	11	8,19	19		8		16	5	13		2	2	11
12	19			8		16		13				10*	12
13	8	16	8	16	16	5	5		2	2	10		13
14	16						13	2		10	18	7,18	14
15		5	16		5	13			10		7		15
16				5	13	2	2	10	18	7,18	15	15	16
17	5	13	5	13			10		7				17
18	13	2*		2	2	10		18	15	15	4	4	18
19			13		10	18	18	7		4			19
20	2	10	2	10			7	15	4		12	12	20
21	10	18	10	18	18	7		4	12	12			21
22					7	15	15				1	1	22
23	18	7	18	7			4	12		1	9	9	23
24	7		7	15	15	4	12		1				24
25		15			4	12		1	9	9	17	17	25
26	15	4	15	4			1			17	6	6	26
27				12	12	1		9	17			14	27
28	4	12	4		1		9	17*	6	6	14		28
29	12		12	1		9				14	3	3	29
30	1		1	9	9	17	17	6	14	3	11	11	30
31								14					31

Tabelle T5: Die Goldenen Zahlen im 21. Jahrhundert. Die Zahlen geben den Neumond und nicht, wie in Tab. 3, das Neulicht an.

Die Angaben in Tabelle 5 entsprechen bis auf vier Ausnahmen sowohl MEZ (Mitteleuropäische Zeit) als auch UT (Universal time, entsprechend MEZ-1). Die vier Ausnahmen sind mit einem * gekennzeichnet und gehören zu UT.

Der zweite Mondmonat dauert 30 Tage und endet am 28. Februar. Daher schreiben wir eine Eins am 1. März in die Tabelle 5. Das Jahr 2014 ist kein Schaltjahr. Wäre das Jahr 2014 aber ein Schaltjahr, wird trotzdem der Schalttag am 29. Februar ignoriert. Der Einfluss der Schalttage verursacht zwar kurzfristig eine Ungenauigkeit von einem Tag, der aber in den Folgemonaten wieder ausgeglichen wird. Die Unregelmäßigkeit, bedingt durch die elliptische Umlaufbahn des Mondes, ist von vergleichbarem Einfluss.

Als nächstes tragen wir in die Tabelle T5 alle Neumonde des Jahres 2015 entsprechend der Goldenen Zahl 2 (GZ II) mit der Ziffer 2 ein. Dann folgt das Jahr 2016 (GZ III) mit der Nummer 3 und so weiter bis zum Jahr 2032 mit der Nummer 19. Damit erhalten wir die Tabelle T5, die die Neumonde für den Zeitraum 2014 bis 2032 exakt angibt.

Im julianischen Kalender wurden die Schalttage durch eine einfache Regel berücksichtigt: Man zählte in Schaltjahren einfach den 24. Februar doppelt. Durch die „Doppelzählung" verschwindet der Schalttag rein formal aus dem Kalender, was bereits im Kapitel „Der fehlende Schalttag" besprochen wurde.

Ob mit oder ohne Schalttage, wichtig ist, dass die „Randbedingungen" am Anfang und am Ende des jeweiligen Zyklus stimmen. Beispielsweise ist am 1. Januar 2014 Neumond und 19 Jahre später ist am 1. Januar 2033 wieder Neumond. Wie die Schaltmonate innerhalb der 19 Jahre verteilt sind, ist von untergeordneter Bedeutung. Der Neumond verschiebt sich zwar im Jahr 2052 (=2033+19) auf den 2. Januar, kehrt aber im Jahr 2071 (=2052+19) wieder zum 1. Januar zurück. Im Jahr 2090 erreicht er sogar den 31. Dezember des Vorjahres, allerdings um 20:57 MEZ, also kurz vor dem Jahreswechsel. Sogar im Jahr 2185 (=19*115) wird der Neumond immer noch am 1. Januar 22:17 MEZ erwartet.

Der „Neue Kalender der Goldenen Zahlen" wurde zwar für den Meton-Zyklus 2014-2032 erstellt. Man kann aber für einen Zeitraum von 600 Jahren, entsprechend etwa 32 Meton-Zyklen, durchaus brauchbare Näherungen erhalten. Die folgende Tabelle T7 gibt einige willkürlich gewählte Beispiele an.

Jahr	Goldene Zahl	Neumond Tabelle 5	Neumond NASA (UT)
2187	GZ 3	29. November	30. November 04:14
2185	GZ 1	1. Januar	1. Januar 22:17
2052	GZ 1	1. Januar	2. Januar 03:05
2050	GZ 18	18. Juli	18. Juli 21:17
2050	GZ 18	18. Juni	19. Juni 08:22
1909	GZ 10	20. April	20. April 04:51
1800	GZ 15	25. Februar	23. Februar 17:08
1800	GZ 15	26. März	25. März 08:21
1748	GZ 1	22. Dezember	20. Dezember 07:51
1691	GZ 1	1. Januar	30. Dezember 1690 14:31
1596	GZ 1	22. Dezember	19. Dezember 10:30

Tabelle T6 Vergleich der Tabelle T5 mit astronomischen Daten.

Während vor 1800 (beispielsweise 1786) der Neumond entsprechend GZ 1 meist kurz vor dem 1. Januar liegt, tritt die Konjunktion im Jahr 2204 erst am 3. Januar 05:26UT ein. Dabei ist von Einfluss, dass das Jahr 2200 im gregorianischen Kalender kein Schaltjahr ist. Die Zuordnung der Goldenen Zahlen zu einzelnen Jahren kann man den Tabellen T7a und T7b entnehmen. Alle Jahre in der obersten Reihe müssen ohne Rest durch 19 teilbar sein, damit sie der Goldenen Zahl 1 entsprechen.

GZ									GZ
1	1900	1919	1938	1957	1976	1995	2014	2033	1
2	1901	1920	1939	1958	1977	1996	2015	2034	2
3	1902	1921	1940	1959	1978	1997	2016	2035	3
4	1903	1922	1941	1960	1979	1998	2017	2036	4
5	1904	1923	1942	1961	1980	1999	2018	2037	5
6	1905	1924	1943	1962	1981	2000	2019	2038	6
7	1906	1925	1944	1963	1982	2001	2020	2039	7
8	1907	1926	1945	1964	1983	2002	2021	2040	8
9	1908	1927	1946	1965	1984	2003	2022	2041	9
10	1909	1928	1947	1966	1985	2004	2023	2042	10
11	1910	1929	1948	1967	1986	2005	2024	2043	11
12	1911	1930	1949	1968	1987	2006	2025	2044	12
13	1912	1931	1950	1969	1988	2007	2026	2045	13
14*	1913	1932	1951	1970	1989	2008	2027	2046	14
15	1914	1933	1952	1971	1990	2009	2028	2047	15
16	1915	1934	1953	1972	1991	2010	2029	2048	16
17**	1916	1935	1954	1973	1992	2011	2030	2049	17
18	1917	1936	1955	1974	1993	2012	2031	2050	18
19	1918	1937	1956	1975	1994	2013	2032	2051	19

Tabelle T7a Zuordnung der Jahre ab 1900 zu den Goldenen Zahlen

* In Jahren entsprechend GZ 14 ergeben sich sehr frühe Ostertermine
  Das Jahr 2046 entspricht der Goldenen Zahl 14. Nach Tabelle T5 ist
  am 8. März Neumond. Der Ostervollmond leuchtet am 22. März
  9:27 und Ostern wird am 25. März 2046 gefeiert

** In Jahren entsprechend GZ 17 ergeben sehr späte Ostertermine
   Nach Tabelle T5 ist im Jahr 2068 am 2. April Neumond. Der
   Ostervollmond leuchtet am 17. April 15:29 und Ostern wird am 22.
   April gefeiert.

GZ									GZ
1	2052	2071	2090	2109	2128	2147	2166	2185	1
2	2053	2072	2091	2110	2129	2148	2167	2186	2
3	2054	2073	2092	2111	2130	2149	2168	2187	3
4	2055	2074	2093	2112	2131	2150	2169	2188	4
5	2056	2075	2094	2113	2132	2151	2170	2189	5
6	2057	2076	2095	2114	2133	2152	2171	2190	6
7	2058	2077	2096	2115	2134	2153	2172	2191	7
8	2059	2078	2097	2116	2135	2154	2173	2192	8
9	2060	2079	2098	2117	2136	2155	2174	2193	9
10	2061	2080	2099	2118	2137	2156	2175	2194	10
11	2062	2081	2100	2119	2138	2157	2176	2195	11
12	2063	2082	2101	2120	2139	2158	2177	2196	12
13	2064	2083	2102	2121	2140	2159	2178	2197	13
14	2065	2084	2103	2122	2141	2160	2179	2198	14
15	2066	2085	2104	2123	2142	2161	2180	2199	15
16	2067	2086	2105	2124	2143	2162	2181	2200	16
17	2068	2087	2106	2125	2144	2163	2182	2201	17
18	2069	2088	2107	2126	2145	2164	2183	2202	18
19	2070	2089	2108	2127	2146	2165	2184	2203	19

Tabelle T7b Zuordnung der Jahre ab 2052 zu den Goldenen Zahlen

In den Jahren entsprechend GZ 6 ist der Neumond am 6. März und der Vollmond am 21. März zu erwarten. Weil die Tagundnachtgleiche meist auf den 20. März fällt, sind daher sehr frühe Ostertermine zu erwarten. Der seit der Kalenderreform 1582 gültige Algorithmus verwendet Epakte, die aber sehr späte offizielle Ostertermine ergeben. Obwohl die Epakte der Drift der Mondphasen angepasst werden, entsprechen gegenwärtig die Ostertermine GZ 6 nicht den astronomischen Kriterien (siehe Kapitel „Osterparadoxien").

Beispiel 1 Das Jahr 2014 entspricht der Goldenen Zahl 1. Am 1. Januar war Neumond. Das Mondalter am 31. 12 war daher 29. Die Epakte für GZ 1 beträgt somit XXIX. Am 20. Januar 2015 war Neumond. Die Epakte für GZ 2 beträgt daher 10. Im Prinzip kann man die Epakten direkt aus den Goldenen Zahlen ableiten. Es gibt dabei aber sehr viele Details zu beachten, sodass an dieser Stelle darauf nicht näher eingegangen werden kann. Die aktuell gültigen Epakten kann man beispielsweise auf URL:www.nabkal.de/epakte.html finden.

Beispiel 2 Der Ostervollmond für das Jahr 1910 soll berechnet werden: Das Jahr 1910 entspricht der Goldenen Zahl 11. Nach Tabelle T5 ist am 10. März Neumond. Luna XIV entspricht daher dem 25. März. In den Tabellen der NASA findet man: Neumond 11. März 12:12 und Vollmond 25. März 20:21 UT. Ostern wurde am Sonntag, den 27. März 1910 gefeiert.

Beispiel 3 Das Jahr 2110 entspricht der Goldenen Zahl 2. Nach Tabelle T5 ist am 20. März Neumond. In den Tabellen der NASA findet man: Neumond 20. März 13:44 und Vollmond 5. April 1:20 UT. Weil der 5. April ein Samstag ist, wird Ostern am 6. April 2110 gefeiert.

Beispiel 4 In welchen Jahren ist an Weihnachten Neumond? Dies sind typisch die Jahre mit der Goldenen Zahl 17. Tatsächlich war am 24. Dezember 1916 20:31 Neumond. Auch am 24. Dezember 2030 17:32 gibt es einen Neumond. Eine Woche später beginnen die Jahre mit der Goldenen Zahl 18 mit einem zunehmenden Halbmond. Es sind dies beispielsweise die Jahre 1917, 1936 usw. bis 2126.

Beispiel 5 Welche Jahre im 20. und 21. Jahrhundert beginnen mit einem Vollmond? Wenn am 1. Januar Vollmond ist, dann ist der Neumond am 14. Januar zu erwarten. Dies entspricht der Goldenen Zahl 16 in Tabelle T5. Beispielsweise beginnt das Jahr 2029 mit einem Vollmond am 31 Dezember 2028 16:48 UT. Dabei gibt es sogar eine totale Mondfinsternis.

Beispiel 6 Welche Mondphase ist heute? Zunächst bestimmt man die Goldene Zahl des aktuellen Jahres. Dann sucht man im aktuellen Monat den Neumond. Liegt dieser nach dem aktuellen Datum, dann bestimmt man den Neumond des Vormonats. Nun zählt man die Tage bis zum aktuellen Datum und erhält so das Mondalter und daraus weiter die Mondphase. Der Vollmond liegt fünfzehn Tage nach der Konjunktion und entspricht dem Mondalter Vierzehn.

Beispiel 7 Welches Datum ist heute? Vor dieser Frage standen unsere Vorfahren vermutlich sehr oft. Wir müssen das aktuelle Mondalter kennen und wir müssen wissen wie viele Neumonde es seit Jahresbeginn gegeben hat. Diese Kenntnisse sind bei naturverbundenen Menschen selbstverständlich vorhanden. Aus dem Kalender der Goldenen Zahlen kann man dann das Datum entnehmen. Kennt man den aktuellen Wochentag, dann ist ein Irrtum praktisch ausgeschlossen. Aus dem Datum folgt unmittelbar das Sonnenzeichen, also das Sternzeichen, das unsichtbar hinter der Sonne steht.

Anmerkung: Weil der Tag des Neumondes sowohl im julianischen als auch im gregorianischen Kalender langsam durch die Jahrhunderte wandert, gibt es immer einen Neumond, der nahe dem 1. Januar liegt. Beispielsweise fiel der Neumond im Jahr 32 n. Chr. auf den 1. Januar (14:14 UT). Wenn man dem Jahr 32 n. Chr. (in einem Gedankenexperiment) die Goldene Zahl I zuordnet, kann die Tabelle T5 auch für dieses Jahr und die folgenden Jahrhunderte verwendet werden, denn auch 532 Jahre später, war am Vortag des 1. Januar 564 Neumond. (31. Dez. 563 03:21). Die Anmerkung dient nur dem besseren Verständnis der Goldenen Zahlen. Selbstverständlich sollte man bei Bedarf eine neue Tabelle für das Jahr 32 n. Chr. schreiben. Auch Julius Caesar hat seinen Kalender mit einem Neumond am 2. Januar -44 00:42 UT gestartet.

Die christliche Zeitrechnung

Das Große Heilige Jahr

Am Anfang war das Chaos. Dann hat ein Schöpfergott das Chaos geordnet und den Kosmos geschaffen. Selbstverständlich waren die Planeten dabei in einer Startreihe aufgestellt und bildeten eine Art Super-Konjunktion. Eine wichtige Frage beschäftigte daher unzählige Sternenkundige: Nach welcher Zeit kehren die Planeten zu ihrer Ausgangsposition zurück? In einem solchen Augenblick wird das Große Heilige Jahr vollendet. Das Große Heilige Jahr hat viele Namen mit ähnlicher Bedeutung: Planetenjahr, Weltenjahr, Große Indiktion, alexandrinischer Zyklus, Großer Osterzyklus, magnum annum, perfectum annum, annus magnum, annus vertens, mundanus annus.

Im Mittelalter war man der Ansicht, dass das Planetenjahr 532 Jahre dauert. Der Annalus libellus aus der Zeit Karl des Großen berichtet darüber:

Septimus decimus annus est, qui vocatur magnus annus planetarum, dum omnia sidera ad locum revertuntur, ubi primum statute; fuerunt et DXXXII annis impletur.	*Das siebzehnte Jahr ist das, welches man das große Planetenjahr nennt, wenn alle Sterne zu ihren Positionen zurückkehren, an der sie zuerst gestanden haben: Es ist nach 532 Jahren vollendet* (Springsfeld, 2000 S. 333).

532 ist das Produkt aus Neunzehn und Achtundzwanzig. Nach 19 Jahren endet der Meton-Zyklus und Sonne und Mond begegnen sich am gleichen Tag vor dem gleichen Sternenhintergrund. Es gibt zwar nur 7 Wochentage. Weil aber im julianischen Kalender nach jeweils 4 Jahren

ein Schalttag folgt, wiederholt sich die Reihenfolge der Wochentage aber erst nach (4*7 =) 28 Jahren. Dieser Zeitraum wird Sonnenzyklus genannt. Unter der theoretischen Voraussetzung, dass der Meton-Zyklus exakt 19 julianischen Jahren entspricht, wiederholen sich die Ostertermine (im julianischen Kalender) nach jeweils 532 Jahren.

Offensichtlich hat man weiter angenommen, dass nicht nur Sonne und Mond, sondern auch alle anderen Planeten nach 532 Jahren zu ihren Ausgangspositionen zurückkehren. Am 30. Juni 531 gab es um 8:29 eine totale Sonnenfinsternis. Die Planeten standen dabei alle in unmittelbarer Nähe der Sonne. Dieses Ereignis wurde von dem Astronom Johannes Philoponos (*~490 in Alexandria) vorausgesagt. Ein kleiner Schönheitsfehler war, dass sich die Super-Konjunktion im Krebs und nicht im Widder ereignet hat.

Dionysius Exiguus hat im Jahr 525 die christliche Zeitrechnung begründet, indem er Ostertabellen für 95 Jahre entsprechend fünf Meton-Zyklen erstellt hat. Das erste Jahr seiner Ostertafeln hat er als das Jahr 532 bezeichnet, weil er offensichtlich der Meinung war, dass Christus 532 Jahre zuvor am Beginn eines Großen Heiligen Jahres geboren wurde.

Die Geburt eines göttlichen Wesens kann nur in den sogenannten Neulichttagen stattfinden, wenn Sonne und Mond gleichzeitig an Leuchtkraft gewinnen. *Die Neulichttage sind die nach der Wintersonnenwende. Für besonders heilig werden sie in den Jahren gehalten, in denen ihr erster mit dem Neumond zusammenfällt. Darum kann sich die Erschaffung des Menschen Lullu nur an solchem Beginn eines Heiligen Großen Jahres vollzogen haben. Daraus ergibt sich die unausweichliche Folgerung, dass die Zahl Vierzehn – zugleich – die ersten vierzehn Tage dieses Jahres meint. Es sind die des ersten zunehmenden Mondes. An ihrem Ende steht der Vollmond in seiner ganzen Pracht. Und zugleich bei diesem Vollmond findet die Epiphanie des Gottes – die Erscheinung Gottes- statt.* (Böttcher, 1999 S. 53)

Der Vollmond der Epiphanie ist ausgezeichnet geeignet um die Rückkehr „des Lichtes" zu feiern. Unbestritten war die Epiphanie der Jahresanfang im bäuerlichen Leben. *Dreikönig ist der Neujahrstag im Bauernkalender. Die Leute zur Jahrhundertwende nannten ihn „Obrigster Tag", „Oberneujahr" und „Großneujahr". Zum Unterschied vom „kleinen Jahr". Das waren die zwölf Tage zwischen Weihnachten und Dreikönig* (Hager, et al., 1975 S. 89). Noch heute besitzen die zwölf Raunächte (Rauhnächte) zwischen Weihnachten und Epiphanie (auch Weihnachtszwölfer genannt) im Brauchtum eine große Bedeutung. Zwölf Nächte liegen zwischen einem Neulicht und dem Vollmond und es ist zu vermuten, dass Weihnachten früher bei Neulicht im Bereich der Wintersonnenwende und die Epiphanie 12 Tage später bei Vollmond gefeiert wurde.

Weil das Mondjahr um knapp 11 Tage kürzer als das Sonnenjahr ist, wird zu Unrecht behauptet, dass der **Weihnachtszwölfer** einen Ausgleich zwischen Mondjahr und Sonnenjahr darstellt. Richtig ist, dass sich das Mondjahr gegenüber dem Sonnenjahr jährlich um 10,9 Tage verschiebt. Nach zwei Jahren beträgt der Unterschied 21,8 Tage und nach drei Jahren sind es 32,7 Tage. Berücksichtig man einen Schaltmonat verbleiben (32,7-29,5=) 3,2 Tage. Der Weihnachtszwölfer kann auf Dauer keinen Ausgleich zwischen Mond- und Sonnenjahr bringen.

Tatsächlich gab es am 24. Dezember 531 kurz nach der Wintersonnenwende einen Neumond. Weil der 19jährige Mondzyklus sehr genau ist, gab es auch 532 Jahre zuvor, am 26. Dezember 2 v. Chr. einen Neumond kurz nach der Wintersonnenwende. Das klingt bereits sehr beeindruckend. Dionysius war selbstverständlich überzeugt, dass die Konjunktion bereits am 24. Dezember eingetreten war. Er hatte damit sogar recht, denn es gab ausgerechnet am Beginn des Großen Heiligen Jahres eine Kalenderpanne, die durch Caesars Nachfolger Augustus behoben wurde.

Die Kalenderreform des Augustus

Der von Julius Caesar reformierte Kalender war nach der Überlieferung in seiner Struktur ein reiner Mondkalender, der aber durch unregelmäßige Schaltmonate zu einem „Monstrum" mutiert war und als entarteter Sonnenkalender durch Jahrhunderte für Verwirrung sorgte. Weil der julianische Kalender bereits am 1. Januar 45 v. Chr. in Kraft trat, konnte Dionysius Exiguus die Geburt Christi daher einem bereits bestehenden perfekten Sonnenkalender zuordnen und der christlichen Zeitrechnung ein sicheres Fundament geben. Die Kalenderreform des Julius Caesar war sowohl für die Christenheit als auch für Historiker ein Glücksfall. Besonders für Historiker ist es nicht nur bequem, sondern unverzichtbar ein konsistentes, eindeutiges Zeitschema zu besitzen.

Zunächst fällt es schwer zu glauben, dass die Römer vor Julius Caesar jahrhundertelang nicht in der Lage waren einen vernünftigen Sonnenkalender zu etablieren. Die Sonne wurde als männlich und der Mond als weiblich angesehen. Könnte es sein, dass das „chronologische Monstrum" viel später erfunden wurde, damit die Existenz eines Mondkalenders mit seinen unregelmäßigen Schaltmonaten, für Rom, als späteres Zentrum der Christenheit, mit Sicherheit ausgeschlossen werden kann? Dies wird von der großen Mehrheit der Historiker aber nicht in Erwägung gezogen. Das Monstrum muss also tatsächlich existiert haben.

Der Kalender des Julius Caesar trat am 1. Januar 45 v. Chr. in Kraft. Bereits ein Jahr später wurde Caesar an den Iden des März ermordet. Nach jedem vierten Jahr sollte nach Caesars Vorschrift ein Schalttag eingeschoben werden. Die Priester fügten den Schalttag aber bereits jeweils „im vierten Jahr" ein, also bereits nach drei Jahren. Bis zum Jahr 5 v. Chr. war der dadurch entstandene Fehler auf 3 Tage angewachsen.

Nach den Vorgaben des Julius Caesar, sollten die Jahre 757, 753 und 749 ab urbe condita Schaltjahre sein.

Diese Jahre entsprechen in heutiger Zählweise den Jahren 5 v. Chr., 1 v. Chr. und 4 n.Chr.. Weil aber die Priester durch eine Fehlinterpretation drei Tage zu viel geschaltet hatten, ließ Augustus in den drei erwähnten Jahren die Schaltung ausfallen. Daher gab es zur Wintersonnenwende im Jahr 2 v. Chr. einen Restfehler von 2 Tagen. Der Neumond fand nicht am 26. Dezember 2 v. Chr. sondern bereits am 24. Dezember statt. Auch der Jahresanfang am 1. 1. 1 v. Chr. wurde von den Römern (aus heutiger Sicht!) zwei Tage zu spät gefeiert. Erst ab dem Februar 1 v. Chr. wurde der Fehler durch den Entfall des Schalttages auf einen Tag reduziert. Obwohl heute von Astronomen der 26. Dezember 2 v. Chr. als Tag des Neumondes angegeben wird, fand dieser im offiziellen julianischen Kalender am 24. Dezember statt.

Jahreswechsel	Neumond am Jahresende	Halbmond
1 v. Chr.	24. Dez 2 v. Chr 15:57*	1. Jan 1 v. Chr. 07:42*
532	24. Dez 531 14:52	1. Jan 532 17:59
1582 julianisch	25. Dez 1581 20:28	1. Jan 1582 14:59
1583 gregorianisch	25. Dez 1582 04:09	1. Jan 1583 11:37

* Das Datum entspricht der Kalenderreform des Augustus

Um es nochmals an einem Beispiel deutlich zu machen: In den Jahren 1700, 1800 und 1900 wurde der Schalttag im gregorianischen Kalender ausgelassen. Würde man heute diese drei Tage durch eine Korrektur wieder einschieben, dann verschieben sich beispielsweise die Geburtstage der in diesem Zeitraum geborenen Menschen keineswegs um ein, zwei oder sogar drei Tage.

Dass das Jahr 1 v. Chr. und das Jahr 532 mit einem Halbmond beginnen, ist einfach zu erklären: Dionysius hat das so festgelegt. Dass aber sowohl das Jahr 1582, als auch das Jahr 1583 mit einem Halbmond beginnen, ist ein weiterer bemerkenswerter Zufall. Möglicherweise hat man die gregorianische Kalenderreform aber absichtlich in das Jahr 1582 gelegt, um an die Tradition der christlichen Jahreszählung anzuschließen. Erwähnt wird dieser Umstand in den Schriften zur Kalenderreform nicht. Genau genommen hätten (unbelehrbare) Benutzer von Mondkalendern die fehlenden Tage im Jahr 1582 gar nicht bemerkt.

Durch die zusätzlichen Schalttage fand auch die Wintersonnenwende im Jahr 2 v. Chr. nicht am 23. Dezember statt, sondern die Sonne wendete bereits am 21. Dezember, wie das in der Regel auch heute der Fall ist. Somit wurde durch die gregorianische Reform nicht nur der Himmel über Nicäa sondern gleichzeitig auch der Himmel über Bethlehem wiederhergestellt. Die Kalenderreform des Augustus muss im 16. Jahrhundert bekannt gewesen sein. Trotzdem wird in den Schriften zur gregorianischen Kalenderreform ausschließlich betont, dass lediglich der Himmel über Nicäa durch die Kalenderreform wieder hergestellt werden sollte. Tatsächlich wurde auch der Himmel über Bethlehem wiederhergestellt, denn bei der Kalenderreform des Augustus wurde der offizielle julianische Kalender korrigiert. Diesen Umstand finde ich bemerkenswert.

Der Grundstein für die christliche Zeitrechnung wurde im Jahr 532 durch Dionysius Exiguus gelegt und, wenn wir seine Urheberrechte respektieren, dann kann kein Zweifel am (kalendarischen) Geburtsdatum von Jesus Christus bestehen. Es war der 24. Dezember des Jahres 2 v. Christi. Um 15h57 UT war Neumond und es gab sogar eine partielle Sonnenfinsternis. In Bethlehem war es damals ungefähr 6 Uhr abends. Die christliche Zeitrechnung beginnt daher am 1. Jan. 1 v.Chr. um 07:24 mit einem Halbmond. Der Halbmond leuchtete dabei, wie auch der Ostervollmond, im Widder. Dass Astronomen statt dem 24. Dezember, den 26. Dezember 2 v. Chr. als Tag der Konjunktion von Sonne und Mond angeben, ist verständlich, denn es ist üblich die Kalenderreform des Augustus, die zu dieser Zeit noch nicht abgeschlossen war, zu ignorieren. Konsequent ist dies nicht, denn in Geschichtsbüchern wird die Kalenderreform des Augustus stets als historische Tatsache beschrieben.

Die Drift des Neumondes

Planetenjahre dauern 532 Jahre. Im Jahr 525 hat Dionysius Exiguus die christliche Zeitrechnung durch die Wahl des Jahres 532 festgelegt. Am 24. Dez 531 war um 14:52 UT Neumond und daher hat Dionysius Exiguus angenommen, dass auch 532 Jahre vorher Neumond war. An den Umstand, dass 532 minus 532 Null ergibt, hat Dionysius vermutlich keinen Gedanken verschwendet. Er wusste mit Sicherheit nicht, dass sich die Neumonde nach 532 Jahren im Mittel um knapp 2 Tage verschieben.

Planetenjahr	Neumond (julian. Kal.)		Neumond (gregor. Kal.)	
1 v. Chr.	26 Dez 2. v. Chr.	15:57 P		
532	24 Dez 531	14:52		
1064	22 Dez 1063	15:31		
1596	20Dez 1595	21:06	30 Dez 1595	21:06
2128	19 Dez 2127	07:29	2 Jan 2128	07:29

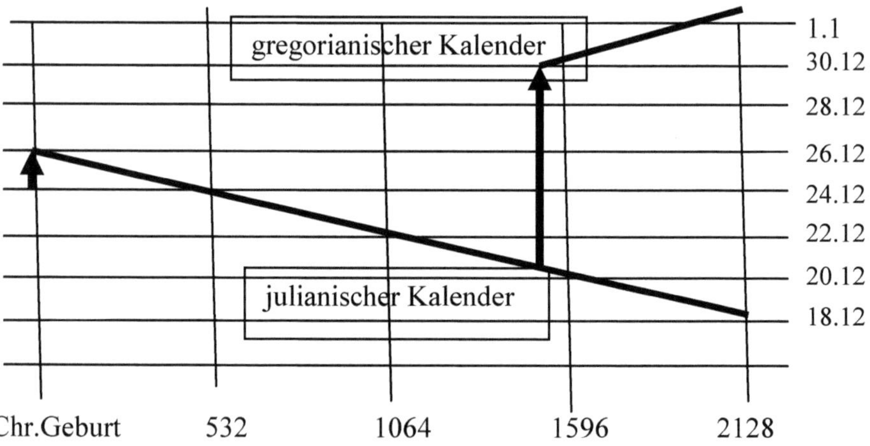

Abbildung 5: Die Drift der Neumonde (GZ I) seit Christi Geburt.

Ab dem Jahr 1064 war die Verschiebung von 2 Tagen aber für Experten bereits feststellbar. Roger von Hereford erkannte dieses Problem bereits im 12. Jahrhundert (Holford-Strevens, 2005 S. 86). Um zu verhindern, dass die Verschiebung der Mondphasen Ende des 16. Jahrhunderts bereits vier Tage beträgt und die Wintersonnenwende auf den 10. Dezember vorwandert, wurde von Papst Gregor XIII im Jahre 1582 eine Kalenderreform durchgeführt. Dabei wurden 10 Tage im Kalender ausgelassen. Dadurch verschob sich die Wintersonnenwende vom 11. Dezember auf den 21. Dezember.

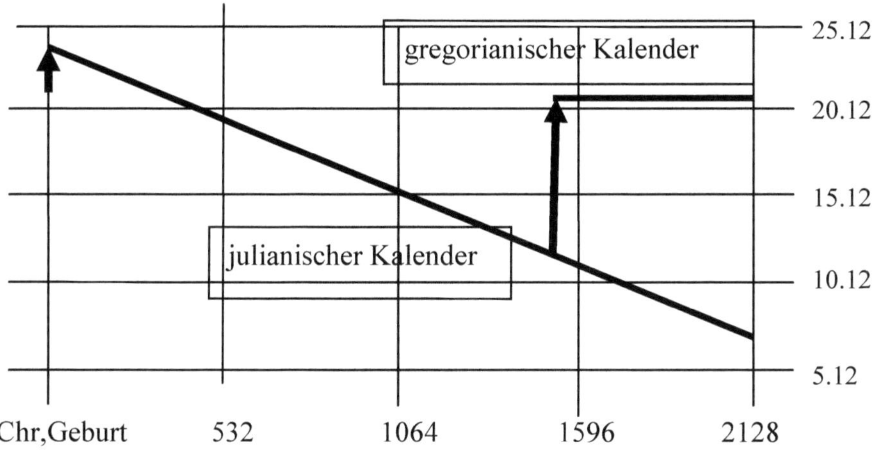

Abbildung 6:   Die Drift der Wintersonnenwende. Die Pfeile zeigen die Kalenderreformen des Augustus und des Papstes Gregor XIII.

Damit die Wintersonnenwende auf „ewige Zeiten" auf diesem Datum bleibt, wurden in den Jahren 1700, 1800 und 1900 die Schalttage ausgelassen. Auch in den Jahren 2100, 2200 und 2300 werden die Schalttage im gregorianischen Kalender entfallen. Dadurch änderte sich die Drift des Neumondes (GZ I) und er wird im Jahr 2128 bereits auf den

2. Januar vorrücken. Im julianischen Kalender ist die Drift entgegen gerichtet. Im Jahr 1596 (=3*532) fiel der Neumond auf den 20. Dezember und er wird im Jahr 2128 (=4*532) den 19. Dezember im julianischen Kalender erreichen. Der julianische Kalender wird bis heute in Teilen der orthodoxen Kirche verwendet.

Die Drift des Neumondes hat zu gewaltigen Problemen bei der Osterrechnung geführt. Durch die gregorianische Kalenderreform von 1582 wurden diese Probleme durch neue Berechnungsmethoden beseitigt. Die neuen Berechnungsmethoden berücksichtigen sowohl die Länge des tropischen Jahres, als auch die geänderte Drift der Neumonde.

Heute wird angenommen, dass der 1. Januar schon lange vor Christi Geburt der Anfang des Jahres war. Das Gegenteil war der Fall. Der Eindruck entsteht dadurch, weil wir in unseren Geschichtsbüchern die Jahreszählung auf den 1. Januar beziehen. Auch die Jahre und Jahrhunderte vor Christi Geburt zählen wir ab dem 1. Januar, weil das sowohl bequem als auch unverzichtbar („alternativlos") ist. Genau genommen zählen wir heute unsere Jahre nach „Christi Beschneidung", denn der Geburt Christi wird am 24. Dezember gedacht.

Der heidnische Jahresanfang am 1. Januar war im Mittelalter Ketzerei und bei einer Teilnahme an Feierlichkeiten drohte Christen die Exkommunikation: *Das römische Jahr war seit 45 v.Chr. wohlgeordnet und begann mit dem 1. Januar. Was aber für die alten Römer selbstverständlich war – nämlich aus diesem Anlass dem Gotte Janus ein Trankopfer darzubringen – war der christlichen Kirche ein Dorn im Auge. Im Jahre 576 erklärte die Synode von Tours die Neujahrsfeier am 1. Januar als Ketzerei und drohte mit Exkommunikation. (...) Päpstliche Anerkennung als Jahresanfang erfuhr der 1. Januar erst 1691 durch Papst Innozenz XII* (Lenz, 2005 S. 273). Möglicherweise war für die Wahl der Umstellung ausschlaggebend, dass dem Jahr 1691 (=19*89) die Goldene Zahl I zugeordnet ist und dass zwei Tage zuvor am 30. Dez 14:31 Neumond war.

Als christlicher Jahresanfang kam vor 1691 nur der 25. Dezember, der 25. März oder Ostern in Frage. Der Weihnachtsanfang am 25. Dezember war sehr populär und wurde auch von Martin Luther propagiert. Das Kirchenjahr der Westkirche beginnt noch heute am 1. Adventsonntag. *Doch war der Gebrauch das Jahr von Weihnachten anzufangen in Deutschland nicht allgemein: Denn zu **Köln** fing man das Jahr von Ostern an. Zwar verordnete ein Konzilium, das in dieser Stadt im Jahr 1310 gehalten worden, dass das Jahr künftig, nach dem Gebrauch der römischen Kirche vom Weihnachtstag angefangen werden sollte; aber man ließ das nur in geistlichen Sachen, unter der Benennung Stilus ecclesiasticus, gelten; das bürgerliche aber blieb wie vorhin von Ostern an, und wurde Stilus curiae genannt. Auch die Universität zu Köln hatte ihren eigenen Jahresanfang, nämlich vom 25. März; und Sarzheim versichert, dass dieser Gebrauch noch im Jahr 1428. beobachtet wurde.* (Helwig, 1787 S. 62) Ein ähnliches Durcheinander gab es in vielen deutschen Städten.

Bis 1752 begann das Jahr in England am 25. März. Der vom Mond bestimmte Osteranfang wurde in Frankreich erst 1563 abgeschafft. Von den Römern wurde noch im 15. Jahrhundert der 1. März verwendet, wie Nikolaus von Kues berichtet (Däppen, 2006 S. 22). In Venedig wurde der Jahresanfang am 1. März erst 1797 durch Napoleon abgeschafft.

. Noch heute feiern Juden den Jahresanfang bei einem Neumond am Ende des Sommers. Auch viele Chinesen und Inder feiern das Neujahrsfest bei einer bestimmten Mondphase. Im muslimischen Kalender wandert der Jahresanfang in Sprüngen von 11 Tagen durch die Jahreszeiten

Trotzdem hat man sich in Geschichtsbüchern retrospektiv auf den 1. Januar geeinigt. Der in der Physik verwendete Begriff der Bequemlichkeitshypothese scheint auf den Jahresanfang am 1. Januar zuzutreffen.

Die Osterrechnung

Die Bestimmung des Osterdatums ist im Prinzip denkbar einfach: Ostern wird am ersten Sonntag nach dem ersten Frühlingsvollmond gefeiert. Jede einfache Sonnenuhr zeigt die Tagundnachtgleiche an, denn die Spitze des Schattens bewegt sich an diesem Tag auf einer geraden Linie. Nach der Tagundnachtgleiche wartet man auf den Vollmond und feiert am Sonntag danach das Osterfest.

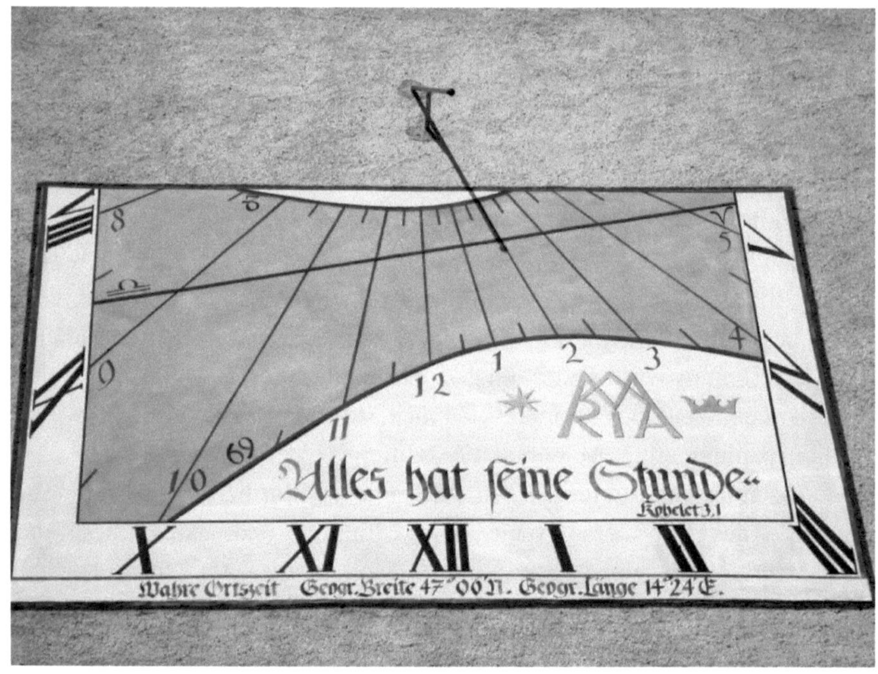

Abbildung 7: Sonnenuhr im Pfarrhof Mariahof, Steiermark (Photo Glaninger am 29. 2. 2016 ~14 Uhr)

Man kann den Frühlingsbeginn auch durch eine Sonnenpeilung bestimmen. Der Name Maria Lichtmess könnte auf eine solche

„Lichtmessung" hinweisen. (Glaninger, 2017 S. 158). Martini liegt genau 40 Tage vor der Wintersonnenwende und Maria Lichtmess 40 Tage nach Weihnachten. Der siebente Vollmond nach Ostern leuchtet im Stier. Nach (29,5+29,5+22=) 80 Tagen leuchtet der zunehmende Halbmond ebenfalls im Stier. Ich vermute, dass Martini früher dem Vollmond im Stier und Maria Lichtmess dem zunehmenden Halbmond im Stier zugeordnet waren und erst später in den Sonnenkalender übernommen wurden. Wenn die Sonne an Lichtmess noch zu weit im Süden aufging, dann wurde ein 13. Monat eingeschoben und Ostern entsprechend spät gefeiert.

Mit etwas Erfahrung kann man die Ostertermine auch für die folgenden Jahre im Voraus berechnen. Selbstverständlich kann es manchmal Grenzfälle geben, die dann von einer Autoritätsperson entschieden werden müssten. Gleichgültig wie entschieden wird, im folgenden Jahr erscheint der Ostervollmond 11 Tage früher und kann stets eindeutig zugeordnet werden. Die mittelalterlichen Computisten sind bereits an ganz einfachen Osterterminen gescheitert. Beda Venerabilis berichtet vom König Oswiu und seiner Ehefrau der kentischen Prinzessin Eanflæd, die zwischen den Jahren 643 und 664 aufgrund verschiedener Berechnungsmethoden das Osterfest eher selten gemeinsam gefeiert haben (Holford-Strevens, 2005 S. 79) (Glaninger, 2016 S. 202).

Um das absurde Chaos bei der Osterrechnung zu erklären, wird angenommen, dass man im Mittelalter und noch bis 1582 den Tag des Vollmondes aus dem Kalender der Goldenen Zahlen entnommen hat. Es war quasi ein fiktiver Vollmond, der nur im Kalender existierte. Am Himmel war schon im 12. Jahrhundert bereits deutlich der abnehmende Mond zu sehen. Dass Ostern dadurch manchmal kurz vor dem Neumond gefeiert wurde, haben die Computisten offenbar hingenommen. Es ist aber auch möglich, dass man umgekehrt dem Tag des Vollmondes ein unterschiedliches Datum zugordnet hat, je nachdem ob der Kalender der Goldenen Zahlen oder der korrekte julianische Kalender verwendet wurde.

Noch skurriler war die willkürliche Festlegung der Tagundnachtgleiche auf den 21. März. Die Tagundnachtgleiche verschiebt sich im julianischen Kalender in nur 128 Jahren um einen Tag. Während die Tagundnachtgleiche zur Zeit des Konzils von Nicäa im Jahr 325 noch auf den 20. März 325 10:01fiel, war sie im Jahr 1582 bereits auf den 11. März vorgewandert. Weil der „Frühlingsbeginn der Kirche" aber mit 21. März definiert war, gab es widersprüchliche Ostertermine.

Im Jahr 1538 betrug die Goldene Zahl 19, der zufolge luna XIV auf den 17. April fiel; da dieser ein Mittwoch war, fiel Ostern auf den 21. April. Martin Luther bemerkte, dass nach der Regel, Ostern solle am ersten Sonntag nach dem ersten Vollmond des Frühjahrs eintreten, Ostern am 17. März hätte stattfinden müssen. (Holford-Strevens, 2005 S. 86)

Ostertermine für das Jahr 1538 nach den Goldenen Zahlen		
Luna I (Gold. Zahl XIX)	5. März	4. April
Luna XIV (GZ XIX)	Montag 18. März	Mittwoch 17. April
Ostersonntag	Sonntag 24. März	**Sonntag 21. April**
Astronomische Ostertermine		
Vollmond (NASA)	Freitag 15. März 17:32	Sonntag 14. April 10:33
Ostersonntag	**Sonntag 17. März**	Sonntag 21. April

Am Freitag dem 15. März 1538 war Vollmond und somit sollte Ostern am Sonntag dem 17. März gefeiert werden. Der 17. März war aber mit einer zweiten Regelung unvereinbar. Das Osterfest durfte gemäß den Bestimmungen des Konzils von Nicäa nur zwischen dem 22. März und dem 25. April gefeiert werden. Wie wichtig diese zweite Regelung war, erkennt man bereits im einfachen Holzkalender aus Abb. 4, wo die Ostergrenze am 25. April durch eine Fahne gekennzeichnet ist. Gemäß dieser Regel wollte die Kirche keinesfalls Ostertermine vor dem 22. März akzeptieren. Aus einer beifälligen Bemerkung des Nikolaus von Kues kann man folgern, dass dies mit der Verkündigung am 25. März zusammenhängt (Däppen, 2006 S. 86). Im Jahreslauf sollte die Auferstehung am Ostersonntag möglichst erst nach der Verkündigung gefeiert werden. Vielleicht war dies ein Nachhall von uralten heidnischen Traditionen, wobei der Jahreskönig unmittelbar nach der heiligen Hochzeit getötet wurde. (Frazer, 1922/1991)

Um den 22. März einhalten zu können, durfte der Frühlingsvollmond niemals vor dem 21. März leuchten, denn wenn der Frühlingsvollmond beispielsweise am Samstag den 20. März leuchtet, dann müsste man Ostern bereits am Sonntag, dem 21. März feiern. Bereits Beda Venerabilis hat das Problem erkannt und wider besseres Wissen die Tagundnachtgleiche auf den 21. März festgelegt. Zur Zeit von Beda fiel die Tagundnachtgleiche aber bereits auf den 17. März.

Zusammenfassend können wir folgendes feststellen: In den Terminen des Neumondes und der Festsetzung der vom Mond abhängigen Feiertage ist unser Kalender verkehrt, vor allem wegen seiner falschen Grundlage, und zwar in einem solchen Grad, daß das Pascha in manchen Jahren von seinem wahren Datum um 36 Tage verschieden ist und noch häufiger um 7 Tage, wie es öfter auch über die 21. bis zur 26. Luna hinausrückt. Da solches den gesetzlichen Vorschriften und der Absicht der Väter zuwiderläuft, gereicht es auch zu einem Ärgernis im Glauben. Denn Albertus sagt, daß die Feinde des Glaubens auch darüber frohlocken, da sie aufgrund dieses Irrtums höhnen, daß wir in derselben Weise auch in andern Dingen irren würden. (Däppen, 2006 S. 83)

Offensichtlich war man im eigenen Regelwerk gefangen und dabei sich nicht nur vor Fachleuten lächerlich zu machen. Die vermutlich einzige Lösung war die Tagundnachtgleiche durch Auslassung von 10 Tagen genau auf den 21. März zu verschieben. Seither findet die Frühlings-Tagundnachtgleiche meist am 20. März, seltener am 19. oder 21. März statt. Alle auch heute noch oft angestellten Spekulationen, dass man die Tagundnachtgleiche durch Auslassung von 13 Tagen beispielsweise auch auf den 25. März hätte schieben können, erübrigen sich, weil dann die Ostergrenze am 25. April nicht hätte eingehalten werden können. Warum die Ostergrenze am 25. April wichtig war, ist mir nicht bekannt. Ich vermute, dass der hl. Georg den Drachen der Finsternis erst nach Ostern töten durfte. Ursprünglich wurde der hl. Georg am 25. April gefeiert. Später wurde er vom Evangelisten Markus auf den 24. April verdrängt. Heute wird er am 23. April gefeiert. Im Kalenderblatt Abb. 4 ist er noch am 24. April vermerkt. Einen Tag darauf ist der Evangelist Markus durch den ihm zugeordneten Löwen vermerkt.

Wieso wurde das Problem der Osterrechnung bereits im Mittelalter öffentlich diskutiert? Man sollte erwarten, dass es für den Papst ein leichtes gewesen sein müsste, einen einheitlichen Ostertermin bereits einige Jahre im Voraus verbindlich festzulegen. Ob dieser Ostertermin den Richtlinien des Konzils von Nicäa entspricht oder nicht entspricht, hätte die Allgemeinheit wohl kaum interessiert. Auch heute gibt es im Schnitt alle 10 Jahre Ostertermine, die nicht den Richtlinien entsprechen, was im nächsten Kapitel besprochen wird.

Im Mittelalter war das Christentum weit weniger verbreitet als heute angenommen wird (Ehalt(Hrsg.), 1989), (Glaninger, 2016 S. 85). Kruzifixe wurden erst in der Gotik allmählich populär und es stellt sich die Frage, ob das christliche Osterfest tatsächlich so populär war, wie es heute den Anschein hat.

Vielleicht sind die Berichte über Schwierigkeiten bei der Osterberechnung nur ein Nachhall der lokal unterschiedlichen Bestrebungen eine neue Jahresordnung nach der Winterpause zu etablieren. Um sich im Mondjahr zu orientieren, ist es vor allem notwendig eine spezielle Mondphase als Jahresanfang zu kennzeichnen, denn ein Mondjahr kann manchmal 12 und manchmal 13 Monate umfassen. Die alte Jahresordnung löste sich im Winter auf und wurde erst am Winterende neu initiiert. Sobald der erste Vollmond des Jahres festgelegt war, konnte die Vereinbarung „Donnerstag nach dem 5. Vollmond" von allen Beteiligten leicht zugeordnet werden. Im Jahreslauf konnten die Menschen ihre Termine, beispielsweise Volksfeste, mit Hilfe des Mondes eindeutig festlegen.

Der sogenannte Osteranfang wurde in Frankreich erst 1563 durch Karl IX abgeschafft. Die Jahreslänge war daher je nach Osterdatum unterschiedlich lang. Ich verstehe das so: Das Jahr 1551 begann am Ostersonntag, dem 29. März 1551 und endete am Karsamstag am 16. April 1552, der aber in Frankreich noch als 16. April 1551 gezählt wurde. Daher gab es beispielsweise den 10. April 1551 in Frankreich gleich zweimal, während es den 10. April 1552 in Frankreich nie gegeben hat. Um Missverständnissen vorzubeugen, unterscheidet man in diesem Fall den 10. April 1551 post pascha von dem 10. April 1551 ante pascha. (Glaninger, 2016 S. 228)

Weil die bäuerliche Arbeit bereits lange vor Ostern beginnt, eignen sich die Osterfeuer am Karsamstag nur bedingt um den Jahresanfang festzulegen. Besser geeignet ist der Sonntag Quadragesimae (42 Tage vor Ostern), der auf den Aschermittwoch folgt und Funkensonntag genannt wird, weil an diesem Tag sogenannte Funkenfeuer entzündet wurden. Noch günstiger liegt der Sonntag Septuagesimae neun Wochen (63 Tage) vor Ostern. Hier beginnt die Vorfastenzeit, die bis zum Aschermittwoch dauert. In unmittelbarer zeitlicher Nähe des Sonntags Septuagesimae leuchtet stets der Vollmond im Löwen. Dies folgt aus dem Umstand, dass zwischen zwei Vollmonden genau 59 Tage vergehen und der Ostervollmond im Mittel 3 bis 4 Tage vor dem Ostersonntag liegt. Sobald der Sonntag Septuagesimae der Bevölkerung mit Hilfe des Vollmondes bekannt gemacht wurde, war die Jahresordnung bis zum Beginn der Adventszeit festgelegt. Das gilt auch im kirchlichen Bereich. Ab dem Osterfest werden (bzw. wurden bis 1969) die Sonntage bis zum Adventsonntag konsequent weitergezählt und die

Liturgie danach   ausgerichtet. Erst im Jahr 1969 wurde der alte Osterfestkreis der katholischen Kirche radikal verkürzt.

Nach der evangelischen Ordnung folgt dem Osterfestkreis die lange Reihe der Sonntage nach Trinitatis, deren Zahl und Datierung vom jeweiligen Ostertermin abhängen. Unter kalendarischen Gesichtspunkten gehören diese Sonntage somit noch zum Osterfestkreis. (...) Die neue katholische Ordnung hat die kalendarische Bindung der Sonntage im Jahreskreis an den Ostertermin und den Osterfestkreis aufgehoben. (Bieritz, 1986 S. 142) Die Aufhebung erfolgte erst 1969 und seither endet der Osterfestkreis am Pfingstsonntag. Gleichzeitig wurde die Vorfastenzeit aus dem Osterfestkreis gestrichen. Der Sonntag Septuagesimae und der Pfingstmontag gehören bei den Katholiken seither zum Jahreskreis.

Es gab schon früh Bestrebungen das Osterfest in den Sonnenkalender zu verlegen und Nikolaus von Kues schreibt um 1450: *Zweitens, dass verschiedene Meinungen über diese Vorschrift in der Kirche Gottes entstanden sind derart, dass einige immer unterschiedslos am 6. April feierten mit der Begründung, Christus sei an diesem Tag wieder auferstanden, wobei sich diese Leute weder um den Mond noch um den Sonntag gekümmert haben, ...* (Däppen, 2006 S. 56f).

Eine Verlegung des Osterfestkreises in den Sonnenkalender war nach meiner Ansicht völlig ausgeschlossen, weil in früheren Zeiten ein Großteil der bäuerlichen Bevölkerung mindestens die Kennzeichnung einer Mondphase benötigt hat, um ihr „Bauernjahr" in alter Form als Mondjahr parallel zum Sonnenjahr organisieren zu können.
Viele Hinweise zur Osterrechnung finden sich auf der Webseite www.computus.de und der Webseite von Nikolaus A. Bär: www.nabkal.de.

Osterparadoxien

In Tabelle T5 ist für die Goldene Zahl 6 der Neumond am 6. März angegeben. Daher ist der Vollmond am 21. März unmittelbar nach der Tagundnachtgleiche zu erwarten. Gemäß den Epakten des gregorianischen Kalenders muss der Ostersonntag aber nach dem 18. April liegen.

GZ 6	Frühlingsbeginn		Vollmond (MEZ)		Ostern *	Ostern**
2019	20.März	22.58	21.März	02.43	24.März	21.April
2038	20.März	13.40	21.März	03.09	28.März	25.April
2057	20.März	04.07	21.März	01.45	25.März	22.April
2076	19.März	18.38	20.März	17.37	22.März	19.April
2095	20.März	09.15	21.März	02.10	27.März	24.April
2114	20.März	23.39	21.März	10.17	25.März	22.April
2133	20.März	14.15	21.März	01.18	22.März	19.April
2152	20.März	04.38	20.März	23.24	26.März	23.April
2171	20.März	19.08	21.März	23.57	24.März	21.April
2190	20.März	09.44	21.März	21.33	28.März	25.April

Tabelle 8: Osterparadoxien entsprechend der Goldenen Zahl 6
* astronomischer und ** gregorianischer Ostertermin

Abweichungen vom astronomischen Ostertermin gibt es auch, wenn der Vollmond an der Grenze vom Samstag zum Sonntag liegt. In den Jahren 2045, 2069, 2089, 2096 und 2150 wird Ostern eine Woche zu spät gefeiert. In den Jahren 2049, 2106, 2119, 2143 und 2147 wird Ostern bereits am Tag des Vollmondes, also eine Woche zu früh gefeiert.

Hier stellt sich auch die Frage, wann der Sonntag beginnt. Soll man die mitteleuropäische Zeit (MEZ) verwenden? Soll man die Ortszeit von Rom verwenden, die 10 Minuten von MEZ abweicht? Soll man die Sommerzeit berücksichtigen? Schon die Computisten des Mittelalters wussten, dass die Osterrechnung ihre Tücken aufweist.

Bemerkungen zur Geschichte des Kalenders

Bemerkungen zur Chronologiekritik

Aus heutiger Sicht erscheint der Ablauf unserer Geschichte übersichtlich und wohlgeordnet. Der Schein trügt aber, denn viele Generationen haben in mühevoller Kleinarbeit versucht, eine Chronologie der, teilweise nur rudimentär überlieferten Daten aufzustellen. Teile der Überlieferung wurden übernommen, andere ausgeschieden. Den mittelalterlichen Historikern und Kopisten standen zur Datierung oft nur sehr spärliche Unterlagen zur Verfügung, die dann mit viel Fantasie ausgeschmückt wurden. Auf einer solchen „Grundlage" erstellte Hans Burgkmair um 1510 die Habsburgische Genealogie beginnend mit Hektor von Troja und endend mit Friedrich III. auf Holz geschnitzt. Sie befindet sich als Codex 8018 in der Handschriftenabteilung der Österreichischen National-bibliothek.

Bereits in der Einleitung wurde erwähnt, dass es von Seiten einiger Historiker Zweifel an der Zuverlässigkeit der Geschichtsschreibung gibt. Beispielsweise vermutet Heribert Illig, dass ungefähr 300 Jahre aus der Geschichte des Mittelalters zu streichen sind (Illig, 1996). Verschiedene andere Autoren vermuten, dass praktisch die gesamte Geschichte des Mittelalters erfunden wurde (Kammeier, 1993) (Topper, 2006). Gleichgültig ob man dies für möglich hält oder nicht, hat sich das heutige Geschichtsbild erst im Laufe vieler Jahrhunderte allmählich gefestigt. Nach Ansicht von A.T. Fomenko wurden Ereignisse auch mehrfach mit geänderten Namen und zu verschiedenen Zeiten in die Chronologie eingefügt (Fomenko, 2003-2006).

Es geht aber nicht nur um den Wahrheitsgehalt der Überlieferung. Bereits die Umrechnung von zuverlässigen Datumsangaben stellt ein großes Problem dar, wenn verschiedene Epochen bzw. Ären umgerechnet werden. Wichtige Ären sind neben der christlichen beispielsweise: Alfonsinische Tafeln, neupersische, altpersische, mohammedanische Zeitrechnung, Diokletian, Indiktion, spanische ERA, römische Zeitrechnung (a.u.c), griechische Zeitrechnung (Olympiaden) (Däppen, 2006 S. 10).

Auch wenn nach der christlichen Zeitrechnung datiert wurde, gibt es Unsicherheiten. Der Jahresbeginn am 1. Januar scheint mehr die Ausnahme als die Regel gewesen zu sein. Erst im Jahr 1563 wurde der Osteranfang in Frankreich abgeschafft. Die Kirche verwendet den 1. Januar offiziell seit dem Jahr 1691, hat sich intern aber nicht unmittelbar daran gehalten. Erst im Jahr 1752 wurde der 25. März als Jahresanfang in England abgeschafft. In Venedig galt bis 1797 der 1. März als Jahresanfang. Sehr häufig ist zwar das Datum, nicht aber der zugeordnete Jahresanfang bekannt. In diesen Fällen ist man auf Vermutungen angewiesen.

Seit Julius Caesar seinen Kalender erfunden hat, sind bis zur Kalenderreform 1582 fast 600.000 Tage vergangen, die alle einzeln gezählt werden mussten. Ein einziger Fehler bei den Monatslängen verschiebt die Sonnenwenden um einen Tag, was aber nicht unmittelbar auffällt. Man geht heute davon aus, dass Fehler bei der Zählung niemals vorgekommen sind. Wenn das stimmt, dann muss es in größeren Städten Kalenderbeauftragte gegeben haben, die den julianischen Kalender nach den von Julius Caesar aufgestellten Regeln weitergeführt und sich um die Zählung der Tage gekümmert haben. Diese Spezialisten scheuten auch nicht davor zurück Kalender mit korrigierten Goldenen Zahlen zu verbreiten. Durch die Zweigleisigkeit war das Chaos bei der Osterrechnung vorprogrammiert.

Zweifellos war es zu allen Zeiten für Historiker wichtig vergangene Ereignisse einem fixen Zeitschema zuordnen zu können. Ein verlässlicher Kalender ist die Grundlage jeder Geschichtschreibung. Obwohl sich die christliche Jahreszählung erst ab 735 allmählich durchgesetzt hat, ist es heute selbstverständlich auch Ereignisse vor Christi Geburt nach der christlichen Ära zu datieren. Jedes moderne Geschichtsbuch ordnet historische Ereignisse nach Jahren, die selbstverständlich alle am 1. Januar beginnen. Man hat also ein festes Zeitschema geschaffen und alle vorhandenen Überlieferungen in dieses Zeitschema eingefügt. Aus heutiger Sicht scheint der julianische Kalender mit unerschütterlicher Präzision unsere Vergangenheit zu strukturieren. Ich finde es aber interessant, diese erstaunliche Erfolgsgeschichte einmal zu hinterfragen.

Der Parallelkalender

Nach meiner Ansicht wurde der julianische Kalender im frühen Mittelalter nur von einer kleinen Elite von Astronomen und Astrologen tradiert und außerhalb großer Städte nicht verwendet. Nach Einführung der Goldenen Zahlen änderte sich die Situation grundlegend. Jeder interessierte Laie konnte das Datum im julianischen Kalender selbst aus den Mondphasen bestimmen. Eine gewisse Unsicherheit bei der Bestimmung der Mondphasen, konnte man mit Hilfe der Wochentage vollständig ausräumen. Es ging aber anfangs vermutlich nicht um die genaue Bestimmung des Datums. Mit einem Datum konnten nur die wenigsten etwas anfangen. Der Hauptvorteil war, dass man die Sonnenwenden und Tagundnachtgleichen direkt aus dem Kalender entnehmen konnte. Auf diese Weise konnte man entscheiden, ob das Mondjahr 12 oder 13 Mondmonate enthalten soll. Ebenso war es (theoretisch) möglich den Vollmond nach der Tagundnachtgleiche zu bestimmen und Ostern am darauf folgenden Sonntag einheitlich zu feiern.

Die Neumonde verschieben sich im julianischen Kalender in 310 Jahren lediglich um einen Tag. Man kann die Verschiebung aber nur feststellen, wenn man den julianischen Kalender durch genaue Beachtung der Kalenderregeln führt, wobei jeder Tag einzeln gezählt werden muss.

Die Methode, ein Datum aus den Goldenen Zahlen abzuleiten, ist eine völlig konsistente und widerspruchsfreie Methode. Wenn man aber das Datum aus den Mondphasen ableitet, dann kann eine Verschiebung der Mondphasen im Kalender nicht festgestellt werden, weil sie prinzipiell nicht existiert. Wenn die Methode durch 300 Jahre perfekt funktioniert hat, dann ist es fast selbstverständlich, dass man die Methode weiterverwendet ohne sie zu hinterfragen.

Nach meiner Ansicht ist es nur auf diese Weise zu erklären, dass man den Kalender der Goldenen Zahlen mehr als 700 Jahre unverändert verwendet hat. Besonders in konservativen christlichen Kreisen wurde das seit Jahrhunderten bewährte System unverändert tradiert und man war nicht bereit die Goldenen Zahlen zu korrigieren. Erst um 1500 tauchen vermehrt korrigierte Goldene Zahlen in den Holzkalendern auf.

Nikolaus von Kues beklagt um 1450, dass die Zahlen falsch sind. Er schreibt dazu: *Weil aber heute, nachdem die Goldene Zahl mit einer gegen die wahre Lage unterschiedlichen Ansetzung zugrunde gelegt worden ist und die 1. Luna, wie sie sich am Himmel zeigt, in der Berechnung des Kalenders mehr als die 4. Luna ist, so müsste man zu seiner Verbesserung die Goldene Zahl selbst tilgen und durch Antizipation auf den wahren Tag des Neulichts zurückführen. Auch diese Vorstellung ließe sich nicht leicht bewerkstelligen, weil dann alle Bücher auf der Welt abgeändert werden müssten...* (Däppen, 2006 S. 86).

Wenn LUNA I erscheinen soll, dann sieht man bereits LUNA IV oder fast LUNA V am Himmel. Man kann durchaus verstehen, dass man wertvolle Kalenderblätter nicht korrigieren will. Völlig unverständlich ist aber, dass die Goldenen Zahlen bereits falsch in die Kalenderblätter eingetragen wurden. Der Fehler muss im 13. Jahrhundert bereits 2 oder 3 Tage betragen haben. Jeder Laie konnte die Abweichung von Mondzyklus und dem julianischen Kalender feststellen, wenn er das „korrekte" Datum kennt und auf den Nachthimmel blickt. Waren die Ersteller der Stundenbücher nicht fähig, den Mond am Himmel selbst zu beobachten?

Viel wahrscheinlicher erscheint mir, dass den Benutzern der Stundenbücher der Fehler nicht aufgefallen ist und nicht auffallen konnte, weil sie das Datum im julianischen Kalender aus den Goldenen Zahlen abgeleitet haben. Die logische Folge ist die Existenz eines Parallelkalenders. Ob das Datum im julianischen Kalender tatsächlich zumindest bis um 1500 aus den Mondphasen abgeleitet wurde, kann hier nicht bewiesen werden. Die Leserin oder der Leser müssen sich aufgrund der hier vorgetragenen Argumente selbst eine Meinung bilden.

In alten Urkunden kann man möglicherweise Hinweise auf einen sehr lockeren Umgang mit Kalenderdaten finden. Beispielsweise kann man bei Kammeier lesen: *Wenn wir hören, dass z.B. Konrad II. je eine Urkunde hat herstellen lassen 1. am 16. 1. 1032 in Paderborn 2. u. 3. am 18. 1. 1032 eine in Fritzlar und eine in Hilwartshausen, so kann etwas nicht stimmen, denn die Entfernung Hilwartshausen-Fritzlar beträgt 50 km, die Entfernung Paderborn-Fritzlar 120km. Konrad konnte also unmöglich am 16. in Paderborn und dann am 18. in Fritzlar und Hilwartshausen weilen* (Kammeier, 1993 S. 71). Kammeier vermutet, dass die Urkunde viel später ausgestellt und schlampig rückdatiert wurde. Vielleicht wurden aber unterschiedliche Kalender verwendet, so wie bis vor hundertfünfzig Jahren jede Stadt ihre eigene Ortszeit hatte (Glaninger, 2016 S. 206). So wie wir heute bei Flugreisen gewohnt sind unsere Uhren auf die jeweilige Ortszeit umzustellen, könnte es für Reisende selbstverständlich gewesen sein, sich nach dem örtlichen Kalenderdatum zu erkundigen.

Ein deutlicherer Beleg für die Existenz des postulierten Parallelkalenders findet sich in der Nürnberger Chronik. Das wurde bereits im Kapitel „Wozu dienten die Goldenen Zahlen" erwähnt.

Der Kalender in der Praxis

Nach offizieller Geschichtsschreibung begann mit Einführung des julianischen Kalenders im Jahr 45 v. Chr. eine wirklich beispiellose 2000jährige Erfolgsgeschichte. Bis auf zwei Korrekturen - Kaiser Augustus hat drei Tage und Papst Gregor XIII hat zehn Tage aus dem Kalender gestrichen - hat der von Caesar festgelegte Kalender durch mehr als zwei Jahrtausende die Zeit strukturiert und der europäischen Geschichtsschreibung eine solide Basis verschafft. Wahrscheinlich war es aber nicht so einfach, die Menschen von den Vorteilen des Sonnenkalenders zu überzeugen. Die Entwicklung könnte sich folgendermaßen abgespielt haben:

500 v. Chr.

Das römische Mondjahr beginnt im März und endet nach 10 Monaten mit dem Dezember (lat. decem zehn). Ein Priester beobachtet das Erscheinen des Sichelmondes nach der Konjunktion. Am Winterende, wenn die Tage merklich länger werden, verkündet er der Bevölkerung, dass der erste Monat des Jahres, also der März, 31 Tage dauert. Die weiteren Monate, legt der Priester mit 29 Tagen fest. Immer, wenn es ihm nicht mehr gelingt die Mondsichel am Monatsanfang zu erkennen, verlängert er die Monatslänge auf 31 Tage. Damit ist die Sichtbarkeit im folgenden Monat sichergestellt. Diese Regelung ist einfach zu kommunizieren und für die Bevölkerung leicht verständlich. Sie ist in der besonderen römischen Zählweise (siehe gleichnamiges Kapitel) noch immer präsent.

Die Zeitenwende

Zur Zeitenwende kannten die Römer bereits einen perfekten Mondkalender. Das Mondjahr umfasste 355 Tage und wurde durch Schaltmonate mit 28 Tagen an das Sonnenjahr angepasst. Ein Wandkalender mit dieser Struktur wurde tatsächlich gefunden und als Fasti Antiates maiores berühmt. Allerdings wird dieser Kalender heute als „verderbter" Sonnenkalender interpretiert.

Wer in der Spätantike und im frühen Mittelalter für die Pflege und Wartung des julianischen Kalenders zuständig war und wie weit die Bevölkerung darüber informiert wurde, ist mir nicht bekannt.

500 n. Chr.

Das größte Problem jedes Lunisolarkalenders ist die Anpassung an die Jahreszeiten durch Schaltmonate. Das Ziel war, die Einschaltung eines 13. Monats europaweit oder zumindest länderweise einheitlich zu regeln. Herausragende Wissenschaftler - sie wurden Computisten genannt - waren damit beschäftigt ein verbindliches Osterdatum festzulegen. Ein verlässlicher Sonnenkalender ist dabei eine Voraussetzung und der konnte mit Hilfe der Goldenen Zahlen direkt aus den Mondphasen abgeleitet werden. Verwendet man den Kalender der Goldenen Zahlen, dann ist die Länge der einzelnen Sonnenmonate von untergeordneter Bedeutung. Die alte Struktur des Mondkalenders wurde daher auf recht unreflektierte Weise in Sonnenmonate umgewandelt. Heute ist man der Meinung, dass diese Struktur bereits von Julius Caesar, kurz vor der Zeitenwende geschaffen wurde. Das ist zwar möglich, nahezu unmöglich erscheint mir aber, dass der julianische Kalender im Mittelalter mehr als einer Handvoll von Spezialisten (Computisten) bekannt war.

1000 n. Chr.

Vermutlich erst seit Beda Venerabilis (673-735) war es Verwaltungsbeamten, Klerikern und sogar interessierten Laien möglich, das Datum mit Hilfe der Goldenen Zahlen aus den Mondphasen abzuleiten. Für die Menschen war es völlig ausreichend den Wochentag und die Mondphase zu kennen. Auch wenn man die Mondphase am Himmel nicht eindeutig feststellen konnte, war der Termin „Donnerstag vor dem Vollmond" von jedermann eindeutig zuzuordnen. Zusätzlich gab es die Möglichkeit in Versammlungsräumen oder auf Kalenderbergen, die aktuelle Mondphase einheitlich festzulegen. Daraus sind vielleicht später Kalvarienberge und Kreuzwegbilder entstanden. Vermutlich ist es kein Zufall, dass es vierzehn Kreuzwegstationen gibt und dass der Mond genau soviele Tage zu, beziehungsweise abnimmt.

In der Abgeschiedenheit verwenden die Menschen Zählhilfen in Form von Kerbhölzern oder Hirtenstäben. Lediglich der Einschub eines 13. Monats muss einheitlich geregelt werden (was aber nach wie vor Probleme bereitet). Der Kalender der Goldenen Zahlen dient weiterhin als Grundlage des Sonnenkalenders und bestimmt die Osterrechnung. Weil der Kalender nicht ordentlich gewartet wird, driften Mond- und Sonnenkalender immer weiter auseinander.

Die Datierung nach Namenstagen: Es ist wenig bekannt, dass im Mittelalter vorwiegend nach Namenstagen datiert wurde. Dabei scheint mir die auffallende Verteilung der Namenstage, wobei der 25. Monatstag stets besonders prominent besetzt ist, als Nachhall eines alten Mondkalenders (Glaninger, 2016 S. 76). Das Buch „Zeitrechnung zu Erörterung der Daten in Urkunden für Deutschland" von Josef Helwig aus dem Jahr 1787 beschäftigt sich umfangreich mit dieser Datierung. (Helwig, 1787).

Das Datum wurde beispielsweise in folgender Form angegeben:

Freitag nach dem Valentinstag 1240
Freitag nach Aschermittwoch 1249
Mittwoch vor dem St. Urbanstag 1315
Montag nach Katherine volgend 1519

Bereits ein Jahr später ist es schon schwierig, den Wochentag des Vorjahres zu bestimmen. Dazu ein Beispiel: Welchem Tag entspricht „Freitag vor Weihnachten 2014"? Antwort: Es war der 19. 12., denn der 24. 12. 2014 war ein Mittwoch (was nicht einfach festzustellen ist).

Wenn dem Chronisten bewusst war, dass der St. Urbanstag am 25. Mai und Katharina am 25. November gefeiert wurde, warum hat er nicht einfach, das Datum (z.B. 21. Mai 1315) angegeben? Die Angabe Mittwoch vor St. Urban wäre sinnvoll, wenn damals die Namenstage bestimmten Wochentagen zugeordnet waren. Aus heutiger Sicht war der 25. Mai 1315 ein Sonntag. Ist wirklich sichergestellt, dass die Wochentag im Mittelalter tatsächlich einheitlich gezählt wurden? Vielleicht wurde die Zählung auch am Winterende neu synchronisiert, als die Wochenmärkte wieder eröffnet wurden. Die Sonntage der Vorfastenzeit hätten sich dazu angeboten.

1500 n. Chr.

Für den Großteil der Bevölkerung war der Mondkalender völlig ausreichend und der julianische Kalender erscheint als unnötige Verkomplizierung. Trotzdem war der Siegeszug des Sonnenkalenders nicht aufzuhalten. Die künstliche Beleuchtung wurde immer besser und die Mondsichtung in den Städten immer schwieriger. Der Sonnenkalender in Verbindung mit der Wochenzählung ist dem Mondkalender mit seinen schwankenden Perioden in einem modernen Wirtschaftsleben weit überlegen. Wie soll man Handel und Zinsgeschäfte organisieren, wenn über die Länge eines Mondjahres permanent gestritten wird? Daher werden öffentliche Termine in zunehmendem Maße nach dem julianischen Kalender organisiert.

Wie gelang es aber die Landbevölkerung zum Umstieg auf den Sonnenkalender zu bewegen? Das war überraschend einfach: Wenn ein Landesherr wichtige Termine wie Volksfeste, Kirchweih oder Viehmessen in den Sonnenkalender verlegt, dann muss sich die Bevölkerung unmittelbar danach richten um die Veranstaltung nicht zu versäumen. Viele Volksfeste haben eine Tradition, die bis um 1500 zurückreicht. Das ist auch die Zeit in der die Holzkalender populär wurden. Diese Kalender mit ikonographischen Symbolen, die Vorläufer der Bauernkalender, enthalten selbstverständlich die Mondphasen und ermöglichen es der Landbevölkerung sich auf relativ einfache Weise im Sonnenjahr zu orientieren. Weil man aber für viele Veranstaltungen nicht auf das Mondlicht verzichten kann, werden noch durch Jahrhunderte Volksfeste und vergleichbare Veranstaltungen auf den nächstliegenden Vollmond verschoben.

2000 n. Chr.

Durch Rundfunk, Fernsehen und Internet sind die Probleme mit dem Kalender in den Hintergrund getreten. Die aktuelle Mondphase wird nicht am Himmel beobachtet, sondern aus dem Kalender entnommen. Die Zeiten des Mondkalenders (Mondratgeber ausgenommen) und des Kalenders der Goldenen Zahlen sind vorbei. Unterschiede in der Bestimmung des Osterdatums gibt es aber auch noch heute in der Ost- und der Westkirche. Und auch die Termine der Westkirche entsprechen nicht immer genau den Kriterien von Nicäa. Weil dem Mondkalender aber heute keine weitere Bedeutung zukommt, wird dies im Alltag nicht als störend empfunden.

Nachwort

Bis in die jüngste Zeit hat der Mond den Alltag unserer Vorfahren geprägt. Dabei war es egal, ob es einen offiziellen Mondkalender gab oder ob sich die Menschen einfach an den Mondphasen orientierten. Somit ist es selbstverständlich, dass der Mond bei der Schaffung unseres Kalenders Pate gestanden hat und die Struktur des alten römischen Mondkalenders bis heute in unserem Kalender zu erkennen ist.

Weil es vorteilhaft war, Mondschaltmonate mit 28 Tagen zu verwenden und weil das römische Jahr im März begann, wurde dem Februar nur 28 Tagen zugeordnet. Weil im Februar Fruchtbarkeitsrituale abgehalten wurden, hat man die extravagante Monatslänge im Sonnenkalender beibehalten.

Die römische Datierung, die in Heiligenkalendern sogar heute noch verwendet wird, teilt den Monat in drei Teile. Der erste Abschnitt beginnt an den Kalenden und dauert bis zu den Nonen. Der zweite Abschnitt beginnt an den Nonen und dauert bis zu den Iden. Der dritte Abschnitt umfasst den Rest des Monats. Ursprünglich bezeichneten die Nonen den Halbmond, die Iden den Vollmond und die Kalenden die Neumondtage. Auch in der Zählweise hatte der Mond dem Sonnenkalender seinen Stempel aufgeprägt.

Das Leben unserer Vorfahren war in hohem Maße durch die Jahreszeiten geprägt. Daher war es notwendig den Mondkalender jährlich an die Jahreszeiten anzupassen und einen bestimmten Vollmond am Winterende als Neuanfang zu kennzeichnen. Nach meiner Ansicht haben die Menschen den Osterfestkreis (Aschermittwoch, Funkensonntag, Ostersonntag) benötigt, um sich ganzjährig, länderübergreifend am Mond und am Wochentag orientieren zu können. Ein verbindliches und einheitliches Osterdatum konnte mehrere Jahre im Voraus aber nur mit

Hilfe eines Sonnenkalenders festgelegt werden. Der Kalender der Goldenen Zahlen lieferte dazu die Grundlage.

Mit Hilfe des Mondes und der Goldenen Zahlen gelang es den Lauf der Sonne durch den Tierkreis zu verfolgen. Am Tag der Wintersonnenwende tritt die Sonne in den Steinbock ein. Zu dieser Zeit wächst in den Menschen die Hoffnung, dass die Sonne wieder steigt und die Tage länger werden. Möglicherweise waren die Sterndeuter am Siegeszug des Sonnenkalenders maßgebend beteiligt. Wenn die Menschen davon überzeugt sind, dass ihr Schicksal vom geheimnisvollen Lauf der Sonne durch den Tierkreis abhängt, dann sind sie auch bereit den hohen Aufwand, den die Führung eines Sonnenkalenders verursacht, mitzutragen.

Sogar für unsere Jahreszählung ist der Mond verantwortlich. Weil in der Gedankenwelt unserer Vorfahren die Geburt eines göttlichen Wesens nur in den sogenannten Neulichttagen stattfinden konnte, hat der Mönch Dionysius Exiguus bei der Schaffung der christlichen Ära den Neumond entsprechend der Goldenen Zahl I berücksichtigt.

Selbstverständlich hat auch der weibliche Monatszyklus einen wichtigen Beitrag zum Kalender geleistet. Im analogen Denken unserer Vorfahren war es selbstverständlich weibliche Zyklen, insbesondere die Menstruation und die Schwangerschaft unter Beachtung der Mondzyklen auf die gesamte Natur zu projizieren. Darüber kann man in dem Buch: „Anna und Peter Glaninger, Heilige Jungfrauen und alte Symbole der Schwangerschaft; Sympathetische Magie in Bildern, Märchen und Sagen" nachlesen (Glaninger, 2017).

Der Mond wurde als weiblich und „launisch" angesehen und bereits in der Antike mit Feuchtigkeit in Verbindung gebracht (Plinius, 2007 S. 188). Der Vollmond wurde mit Wasser und Menstruation assoziiert. Traditionell wurde der Neumond von den Christen bevorzugt. Nur bei der Konjunktion (früher coitus solis genannt) wird der Mond vollständig durch die Sonne, das trockene, männliche Prinzip, überstrahlt.

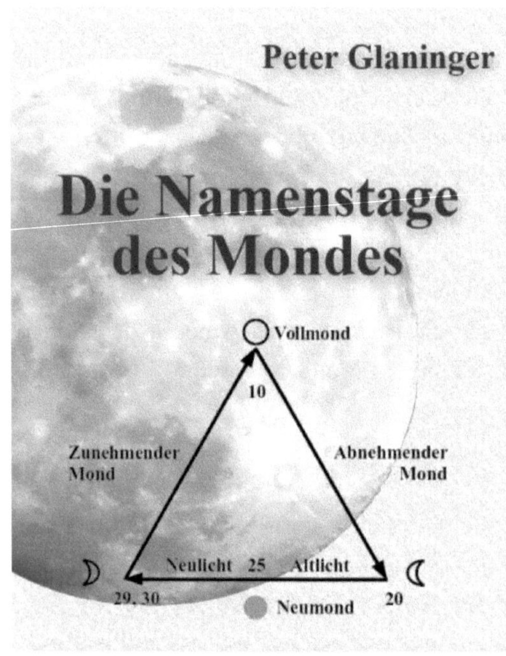

In meinem Buch „Die Namenstage des Mondes" habe ich versucht, die eigenartige Häufung wichtiger christlicher Festtage insbesondere an den 25. Monatstagen zu erklären.
Die Namenstage in unserem Kalender ergeben sich dabei als der Nachhall einer alten Jahresordnung, die vom Mond geprägt war. (Glaninger, 2016).

Abbildung 8: Die alte Dreiteilung des Mondmonats

Der Mondmonat begann mit dem zunehmenden Mond. Am 10. Tag war Vollmond und am 25. Tag Neumond. Beiden Tagen sind im Sonnenkalender auffallend viele Wetterregeln zugeordnet. Möglicherweise wurden sie einfach aus Mondkalendern übernommen. Auch im Osterfestkreis ist die alte Dreiteilung noch zu erkennen. Der erste Sonntag der Vorfastenzeit wird Septuagesima (70) genannt. Die Fastenzeit beginnt am Aschermittwoch vor dem Sonntag Quadragesima (40) im Bereich des zunehmenden Mondes.

Literatur

Bieritz, Karl-Heinrich. 1986. *Das Kirchenjahr.* Berlin : Union Verlag, 1986. ISBN 3-372-00012-9.

Böttcher, Helmuth M. 1999. *Dreissigtausend Jahre Astrologie; Sterne, Schicksal und Propheten.* Frechen : Komet, 1999. ISBN: 3-933366-35-6.

Censorinus. 1983. *Betrachtungen zum Tag der Geburt- De die natali; Hrsg. Klaus Sallmann.* Leipzig : Teubner, 1983.

Däppen, Christoph. 2006. *Die vergessene Kalenderreform des Nikolaus von Kues.* Zürich : Books on Demand, 2006. ISBN: 3-8334-4813-x.

Ehalt(Hrsg.), Hubert Christian. 1989. *Volksfrömmigkeit; Von der Antike bis zum 18. Jahrhundert.* Wien : Böhlau, 1989. ISBN 3-205-08860-3.

Fomenko, Anatoly T. 2003-2006. *History: Fiction or Science? (1-3).* Olympia, Washington 98501 : Delamere Resources LLC, 2003-2006. ISBN 2-913621-07-4.

Frazer, James George. 1922/1991. *Der Goldene Zweig; Das Geheimnis von Glauben und Sitten der Völker.* Leipzig : Rowohlt, 1922/1991. ISBN 3-499-55483-6.

Gelis, Jacques. 1992. *Das Geheimnis der Geburt.* Freiburg : Herder, 1992. ISBN: 3-451-04103-0.

Ginzel, Friedrich Karl. 1911. *Handbuch der mathematischen und technischen Chronologie.* Leipzig : J. C. Hinrich, 1911. http//www.3eck.org/Ginzel/index.html.

Ginzel2, Friedrich Karl. 1911. *Handbuch der mathematischen und technischen Chronologie. 2.Band.* Leipzig : J.C.Hinrich, 1911. https://archive.org/stream/handbuchdermathe02ginzuoft#page/n5/mode/2 up.

Glaninger, Anna und Peter. 2017. *Heilige Jungfrauen und alte Symbole der Schwangerschaft. Sympathetische Magie in Bildern, Märchen und Sagen.* Graz : SoralPro Verlag, 2017. ISBN 978-3-902503-94-7.

Glaninger, Peter. 2016. *Die Namenstage des Mondes- Ein Versuch die Struktur unseres Kalenders zu verstehen.* Graz : SoralPro Verlag, 2016. ISBN 978-3-902503-81-7.

Grimm, Jacob und Wilhelm. 1853. *Deutsches Wörterbuch.* Leipzig : Hirzel, 1853. URL:dwb.uni-trier.de/de/.

Groschwitz, Helmut. 2008. *Mondzeiten, Zu Genese und Praxis moderner Mondkalender.* Münster : Waxmann, 2008. ISBN: 978-3-8309-1862-2.

Grotefend, Hermann. 1872. *Handbuch der historischen Chronologie des deutschen Mittelalters und der Neuzeit.* Hannover : Hahn'sche Hofbuchhandlung, 1872.

—. **1991.** *Taschenbuch der Zeitrechnung.* Hannover : Hahnsche Buchhandlung, 13. Auflage, 1991. ISBN 3-7752-5177-4.

Grotefend-online, Hermann. 1898. *Zeitrechnung des deutschen Mittelalters und der Neuzeit.* www.manuscripta-mediaevalia.de/gaeste/grotefend/kopf.htm : s.n., 1898.

Hager, Franziska und Heyn, Hans. 1975. *Drudenhax und Allelujawasser; Volksbrauch im Jahreslauf.* Rosenheim : rosenheimer, 1975.

Helwig, Josef. 1787. *Zeitrechnung zu Erörterung der Daten in Urkunden für Deutschland.* Wien : s.n., 1787.

Holford-Strevens, L. 2005. *Kleine Geschichte der Zeitrechnung und des Kalenders.* Stuttgart : Reclam, 2005. ISBN 978-3-15-018483-7.

Ifrah, Georges. 1991. *Universalgeschichte der Zahlen.* Frankfurth/Main : Campus, 1991. ISBN: 3-593-34192-1.

Illig, Heribert. 1996. *Das erfundene Mittelalter: Die größte Zeitfälschung der Geschichte.* Düsseldorf : ECON, 1996. ISBN 3-430-14953-3.

Kammeier, Wilhelm. 1993. *Die Fälschung der deutschen Geschichte, Band I.* Viöl/Nordfriesland : Verlag für ganzheitliche Forschung, 1993. ISBN 3-922314-01-5.

Lenz, Hans. 2005. *Universalgeschichte der Zeit.* Wiesbaden : Matrix Verlag GmbH, 2005. ISBN: 3-86539-050-1.

Lichtenberg, Georg Christoph. 1983. *Über die Macht der Liebe, Aus den Vermischten Schriften.* Franfurt am Main : Insel Verlag, 1983. Taschenbuch 1164.

Macrobius, Ambrosius Theodosius. 2008. *Tischgespräche am Saturnalienfest.* Würzburg : Königshausen & Neumann, 2008. ISBN: 978-3-8260-3785-6.

Maier, Hans. 1991/2008. *Die christliche Zeitrechnung.* Freiburg im Breisgau : Herder GmbH, 1991/2008. ISBN 978-3-451-29744-1.

Mitterauer, Michael. 1993. *Ahnen und Heilige; Namengebung in der europäischen Geschichte.* München : C.H.Beck, 1993. ISBN 3-406-37643-6.

Pfaff, Alfred. 1947. *Aus alten Kalender.* Augsburg : Rieger&Kranzfelder, 1947.

Plinius. 2007. *Die Naturgeschichte des Caius Plinius Secundus (Lenelotte Möller& Manuel Vogel Hrsg.).* Wiesbaden : Matrixverlag, 2007. ISBN 978-3-86539-144-5.

Ranke-Graves, Robert von. 1960. *Griechische Mythologie - Quellen und Deutung.* Reinbeck bei Hamburg : Rowohlt Taschenbuch, 1960. ISBN 3 499 55404 6.

Riegl, Alois. 1888/2011. *Die Holzkalender des Mittelalters und der Renaissance/ Mitteilungen des Instituts für Österreichiche*

Geschichtsforschung, 9(1988), S. 82-103. Heidelberg : Universitätsbibliothek der Universität Heidelberg, 1888/2011. URN: urn:nbn:de:bsz:i6-artdok-16234.

Rüpke, Jörg. 1994. *Kalender und Öffentlichkeit.* Berlin : de Gruyter, 1994. ISBN 3-11-014514-6.

—. **2006.** *Zeit und Fest; Eine Kulturgeschichte des Kalenders.* München : C. H. Beck, 2006. ISBN 3-406-54218-2.

Schedel, Hartmann. 1493. *Weltchronik.* Nürnberg : Taschen (Lizenzausgabe für Weltbild GmbH), 1493. ISBN 3-8289-0803-9.

Simon, Erika. 1990. *Die Götter der Römer.* München : Hirmer, 1990. ISBN 3-7774-5310-2.

Springsfeld, Kerstin. 2000. *Alkuins Einfluß auf die Komputistik zur Zeit Karls des Großen.* Stuttgart : Steiner, 2000. ISBN 3-515-08052-X.

Stowasser. 1954. *Der kleine Stowasser; Lateinisch-Deutsches Schulwörterbuch.* München : Freytag, 1954. Auflage 112. Tsd..

—. **1930.** *Lateinisch-Deutsches Schul- und Handwörterbuch.* Leipzig : Freytag, 1930. 7. Auflage (70.-76. Tsd).

Topper, Uwe. 2006. *Kalendersprung; Europas Religionswechsel um 1500.* Tübingen : Grabert, 2006. ISBN 3-87847-232-3.

Walker, Barbara G. 1995. *Das geheime Wissen der Frauen; Ein Lexikon.* München : DTV, 1995. ISBN 3-423-30484-7.

Zemanek, Heinz. 1978. *Bekanntes & Unbekanntes aus der Kalender-wissenschaft.* München : Oldenburg, 1978. ISBN: 3-486-23291-6.

Zimmermann, Hans. 2014. *7000 Dateien betreffend Antike und Mittelalter.* Görlitz : Private Hompage, 2014. URL:koerbe.de/hansz/.